普通高等教育"十二五"规划教材

Access数据库管理

主编 王明 金珊 管美静

中国水利水电出版社
www.waterpub.com.cn

内 容 提 要

本书主要是针对应用型本科院校"数据库原理及应用"的教学要求和学生特点而编写的。书中介绍了数据库基础知识、数据模型和 Access 关系数据库的简单知识,对数据库理论知识进行了深入浅出的论述,结合 Access 2003 数据库管理系统,介绍了简单数据库设计过程,以及数据表设计、查询设计、窗体设计、报表设计,另外设计了一个综合案例——数据库应用实例开发。

本书可作为本专科院校计算机相关课程的教材,也可作为从事数据库开发及应用人员的自学参与书。

图书在版编目(C I P)数据

Access数据库管理 / 王明,金珊,管美静主编. --
北京 : 中国水利水电出版社,2011.1
普通高等教育"十二五"规划教材
ISBN 978-7-5084-8339-9

Ⅰ. ①A… Ⅱ. ①王… ②金… ③管… Ⅲ. ①关系数
据库-数据库管理系统,Access-高等学校-教材 Ⅳ.
①TP311.138

中国版本图书馆CIP数据核字(2011)第010701号

书　名	普通高等教育"十二五"规划教材 **Access 数据库管理**	
作　者	主编　王明　金珊　管美静	
出版发行	中国水利水电出版社 (北京市海淀区玉渊潭南路 1 号 D 座　100038) 网址:www.waterpub.com.cn E-mail:sales@waterpub.com.cn 电话:(010)68367658(营销中心)	
经　售	北京科水图书销售中心(零售) 电话:(010)88383994、63202643 全国各地新华书店和相关出版物销售网点	
排　版	北京民智奥本图文设计有限公司	
印　刷	北京纪元彩艺印刷有限公司	
规　格	184mm×260mm　16 开本　9 印张　225 千字	
版　次	2011 年 1 月第 1 版　2011 年 1 月第 1 次印刷	
印　数	0001—5000 册	
定　价	20.00 元	

前　　言

　　数据库技术产生于 20 世纪 60 年代，近年来数据库技术和数据库管理已经越来越受到人们的重视，掌握数据库技术已经逐步成为各类管理人员和计算机技术人员的基本要求，强化数据库基础教育与应用训练显得非常必要和十分迫切。

　　国家对应用型人才培养逐年重视，单纯以介绍数据库原理为重点的教材已不再适合现今 Access 课程的教学需求，本书采用基于项目的教学实例与应用实例开发进行编写，适合于应用型本科或基础较好、要求较高的高职高专学校教学需求。

　　本书是编者根据多年教学和开发经验编写而成的，各章知识点的介绍均围绕图书借阅系统的开发而展开。本书对数据库进行了详细讲解，力求使读者在最短的时间内以最快捷的方式掌握基本的数据库原理及应用技术。

　　本书每一章都提出该章节的重点与难点，以协助教师和学生对于章节内容的把握。本书还通过实例的方式介绍数据库的基本概念，使用图形说明上机操作的结果，读者可以通过一边学习、一边实践的方式，掌握 Access 数据库技术知识及其应用系统开发方法。

　　本书由王明、金珊、管美静任主编，孟赟、韦凝芳任副主编，参与本书编写工作的还有熊松泉、常艳芬、章晓敏、程萍、宋叶等老师。

　　由于编者水平有限，书中难免有不足之处，恳请广大读者批评指正。

编者
2011 年 1 月

目　　录

第 1 章　数 据 库 基 础 知 识

本章概述

近年来，数据处理成为计算机应用的主要方面之一。数据安全和数据库应用越来越受到重视，数据库系统技术也成为数据库管理技术发展的最新成果。本章简要介绍数据库管理系统（DBMS）的基本概念，数据库和数据库应用系统、数据模型的概念，函数依赖和关系规范化的概念，并结合实例说明如何设计一个好的数据库。

重点

◆　数据库系统的基本概念
◆　数据模型
◆　关系数据库基础知识

难点

◆　简单 E−R 模型的建立
◆　关系模式存储异常的判断
◆　关系规范化的方法，如何拆分为 3NF

1.1　数据库与数据库系统

随着计算机应用的不断深入，数据作为一种资源，其重要性越来越显现出来。数据库技术是计算机科学技术中发展最快的重要分支之一，它已成为信息系统的重要技术支柱。

1.1.1　什么是数据库

简单地说，数据库是一个持久数据的集合，这些数据用于某企业的应用系统中。例如个人地址簿、图书馆的目录卡片、在线书店等都是我们熟悉的数据库。在数据库中，用户应该可以按照特定的方式存储数据，一旦数据被存储至数据库，用户可以方便地查询这些信息。此外，数据库还应该便于数据的添加、修改和删除。

数据库技术就是用来解决如何科学组织和存储数据、如何高效地获取和处理数据，以及如何保障数据安全，实现数据共享的手段。

1.1.2　数据管理技术的发展

数据管理是指对数据的分类、组织、编码、存储、检索和维护等活动，是数据处理的中心环节。计算机数据管理随着计算机硬件、软件和应用范围的发展而不断发展，大致经历了人工管理、文件系统和数据库系统三个阶段。

1. 人工管理阶段

20 世纪 50 年代前，计算机主要用于数值计算，只能用纸带、卡片来存储数据，没有操作系统及管理数据的软件。该阶段的特点是数据量小，数据无结构，由用户直接管理，且数据间缺乏逻辑组织，数据依赖于特定的应用程序，缺乏独立性。该阶段程序与数据之间的关系如图1.1 所示。

图 1.1　数据的人工管理

2. 文件系统阶段

20 世纪 50 年代后期至 60 年代中期，出现了磁鼓、磁盘等直接存储设备和操作系统，数据管理进入文件系统阶段。

这种数据处理系统把计算机中的数据组织成相互独立的数据文件，系统可以按照文件的名称对其进行访问。它实现了记录内的结构化，但文件从整体来看是无结构的。其数据面向特定的应用程序，因此数据共享性、独立性差，且冗余度大。该阶段程序与数据之间的关系如图 1.2 所示。

3. 数据库系统阶段

20 世纪 60 年代后期，出现了大容量磁盘，存储容量大大增加且价格下降，文件系统的数据管理方法已无法适应开发应用系统的需要。为解决多用户及多应用程序共享数据的需求，出现了统一管理数据的专门软件系统——数据库管理系统（DBMS），标志计算机数据管理进入了数据库系统阶段，这就出现了数据库这样的数据管理技术。

数据库的特点是数据不再只针对某一特定应用，而是面向全组织，具有整体的结构性，共享性高，冗余度小，具有一定的程序与数据间的独立性，并且实现了对数据进行统一的控制。程序与数据之间的关系如图 1.3 所示。

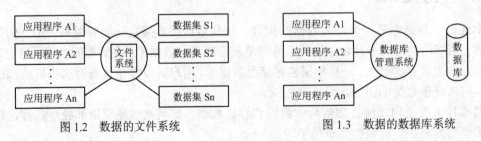

图 1.2　数据的文件系统　　　　　　　图 1.3　数据的数据库系统

此后，随着计算机技术的不断发展，又出现了分布式数据库、面向对象数据库等高级数据库技术。

 提 示

数据库是目前人类进行数据管理的最先进的方法。

1.1.3　数据库系统的组成与结构

数据库系统是实现有组织地、动态地存储大量相关的结构化数据，方便各类用户使用数据库的计算机软件、硬件资源的集合。

1. 数据库系统的组成

数据库系统主要由数据库、各类用户、软件系统、硬件系统四部分组成，它是采用了数据库技术的计算机系统。

（1）数据库。数据库是长期存储在计算机内有组织的、共享的数据的集合。它由两部分组成：一是有关应用所需的业务数据集合的物理数据库；二是关于各级数据结构描述的描述数据库。

（2）各类用户。用户是指使用数据库的人，主要分为以下三类：

1）终端用户。他们是使用数据库的各级管理人员，通过应用系统的用户接口使用数据库。

2）应用程序员。负责为终端用户设计和编制应用程序，以便对数据库进行操作。

3）数据库管理员（DBA）。全面负责数据库系统的管理、维护和正常使用的人员。其主要职责是：①参与数据库设计的全过程，决定数据库的结构和内容；②定义数据的安全性和完整性；③监督控制数据库的使用和运行。

（3）软件系统。软件主要包括数据库管理系统（DBMS）和支持其运行的操作系统。此外，为了开发应用系统，还需各种高级语言及其编译系统，当然 DBMS 是数据库系统的核心软件。

（4）硬件。它是存储和运行数据库系统的硬件设备，包括 CPU、内存和大容量的存储设备等。数据库层次结构图如图 1.4 所示。其中，数据库存储在硬件上，应用系统在 DBMS 的支持下使用数据库。

2. 数据库系统的结构

数据库系统是一个多级结构，它既方便用户存储数据，又能高效地组织数据。它是数据库系统的一个总框架。现有的数据库系统的结构是三级模式和二级映射结构，如图 1.5 所示。

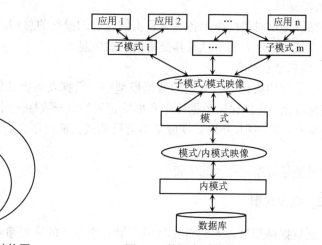

图 1.4　数据库层次结构图　　　　　　图 1.5　数据库系统的三级模式结构

数据库系统的三级模式结构由外模式、模式和内模式组成。

1）模式。模式也称概念模式，是数据库的整个逻辑描述，是数据库所采用的数据模型。

2）外模式。外模式是用户与数据库的接口，是应用程序可见的数据描述，是模式的一部分，是用户所看到和使用的数据库，多个用户可使用一个外模式。

3）内模式。内模式又称为物理模式，它描述数据在存储介质上的安排与存储方式。

无论哪一些模式只是处理数据的一个框架，按这些框架填入的数据才是数据库的内容。数据的具体组织由 DBMS 管理。三级模式之间的联系是通过二级映射来实现的。

4）模式间的映射。外模式与模式之间的映像定义了数据的局部逻辑结构与全局逻辑结构之间的对应关系；而模式与内模式映射则定义了数据逻辑结构和物理存储之间的对应关系。

当用户根据外模式操纵数据库时，数据库系统通过外模式/模式的映射与模式联系，又通过模式/内模式映射与内模式联系，从而使用数据库中的数据，这些转换工作由 DBMS 来完成。

1.2　数　据　模　型

数据模型是对现实世界进行抽象的工具，它是指构造数据时所遵循的规则以及对数据所能进行操作的总和。

1.2.1　数据模型的组成

数据模型包括三部分：数据结构、数据操纵和数据完整性约束。

1.　数据结构

数据结构是数据库中数据对象以及数据对象之间的联系，是对系统静态特性的描述。例如，建立一个信用卡管理数据库，每个持卡人的基本情况由卡号、持卡人姓名、地址、电话、身份证号、开户日期、开户金额等数据项组成。当然，每个持卡人可以进行多笔交易，每笔交易又可以由交易号、交易类型、交易日期、交易金额组成，但每笔交易只能由一名持卡人进行。持卡人和交易之间存在着数据关联，这种关联也要在数据结构中描述。

2.　数据操纵

数据操纵是指对数据库中各种对象实例允许的操作的总和。例如可根据要求检索、插入、删除和修改某一持卡人的信息及其交易情况的信息。

3.　数据完整性约束

数据完整性约束是指在给定的数据模型中，数据及数据关联等各种对象所遵守的一组通用的完整性规则。它能保证数据库中数据的正确性、一致性。例如，持卡人信息中的卡号不能重复等必须遵守的规则，开户日期应是当前日期或当前日期之后等用户自定义的规则都应包含在内等。

数据模型是数据库技术的关键。

1.2.2　概念模型

在组织数据模型时，人们首先将现实世界中存在的客观事物用某种信息结构表示出来，然后再转化为能用计算机表示的数据形式。

概念模型是从现实世界到计算机世界的一个中间层次，是现实世界到信息世界的一种抽象，它不依赖于具体的计算机系统。

在介绍概念模型的表示方法之前，先学习一些信息世界中的基本概念。

1. 信息世界中的基本概念

（1）实体。现实世界中客观存在，可相互区分的事物称为实体。它可以是可触及的对象（如一名职工、一本书），也可以是抽象的概念或联系（如一堂课、职工的工作关系等）。相同类型实体的集合称为实体集（如，所有学生就是一个实体集）。

（2）属性。实体所具有的某一特性称为属性，一个实体可以由若干个属性来描述。例如，学生实体可用学号、姓名、性别、年龄、系等属性来描述，具体的属性值如（2009001，张立，男，20，计算机），这些属性值的集合表示了一个学生实体。

（3）码。唯一标识实体的属性集称为码，码可以由一个或多个属性组成。例如，学号是学生实体的码。

（4）域。属性的取值范围称为属性的域。例如学号是域为 6 位的字符串，性别的域为（男，女）。

（5）联系。现实世界中的事物及事物内部是相互联系的，反映在信息世界中不同实体集之间，同一实体集内部各实体之间也有各种联系。两实体集之间的联系主要有一对一、一对多、多对多三种类型。

1）一对一联系（1:1）。实体集 A 中的一个实体至多（也可没有）与实体集 B 中的一个实体相对应；反之亦然，则称实体集 A 与实体集 B 为一对一联系，记为 1:1，如图 1.6（a）所示。例如，班级与班长之间具有一对一联系。

2）一对多联系（1:n）。实体集 A 中的一个实体与实体集 B 中的多个实体相对应；反之，实体集 B 中的一个实体至多与实体集 A 中的一个实体相对应，则称实体集 A 与实体集 B 具有一对多联系，记为 1:n，如图 1.6（b）所示。例如，班级与学生之间具有一对多联系。

3）多对多联系（m:n）。实体集 A 中的一个实体与实体集 B 中的多个实体相对应；反之，实体集 B 中的一个实体与实体集 A 中的多个实体相对应，则称实体集 A 与实体集 B 具有多对多联系，记为 m:n，如图 1.6（c）所示。例如，教师与学生之间具有多对多联系。

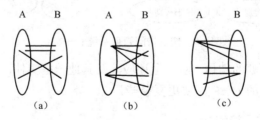

图 1.6 不同实体集实体之间的联系

同一实体集内部的实体之间同样也存在联系。例如，企业中职工实体集内部具有领导与被领导联系，若某一领导干部管理若干名职工，而某一职工只能由一名干部领导，则领导干部与职工之间存在一对多的联系，但他们都属于职工实体集，所以是实体集内部间的联系。

2. 概念模型的表示法

概念模型的表示法最常用的是实体—联系方法，也称为 E—R 模型，它可由最直观的 E—R图来表示，E—R 图中包括以下三大要素。

（1）矩形：表示实体（集）。矩形框内应写明实体名。

（2）椭圆：表示实体的属性。用无向线与对应的实体连接。

（3）菱形：表示实体（集）之间的联系。框内写明联系名。

下面用 E－R 图来表示一个图书借阅管理系统的概念模型。为简单起见，只涉及如下几个主要的实体（此处每个实体只列出几个简单属性）。

（1）会员：属性有会员编号、姓名、性别、办证日期等。

（2）图书：属性有图书编号、书名、作者、出版社等。

（3）类别：属性有图书类别编号、图书类别名。

正常情况下，这些实体间的联系如下：

（1）一种类别图书由若干本图书组成，一本图书只能属于一个类别，因此，类别与图书之间是一对多的联系。

（2）一名会员可以借阅多本图书，而每本图书也可由多名会员借阅，因此会员与图书之间是多对多的联系。

注意，若一个联系具有属性，则这些属性也要用无向线与该联系连接起来。例如用"借书日期"来描述"借阅"的属性，表示会员借阅图书的日期。一个图书借阅管理系统中主要涉及实体联系的 E－R 图，如图 1.7 所示。

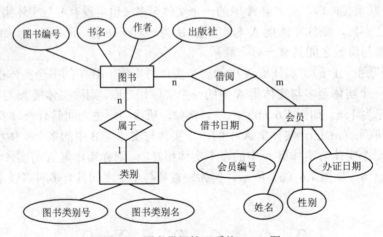

图 1.7   图书借阅管理系统 E－R 图

这里仅考虑了几个主要的实体，实际上还应涉及其他一些实体，如用户、图书出版社等。完整的图书借阅管理系统的 E－R 图要更复杂些。

1.2.3 三种主要的数据模型

数据库系统的一个核心问题是数据模型。按照组织数据库中数据的结构类型的不同，数据库系统所支持的主要数据模型有层次模型、网状模型、关系模型等。其中层次模型和网状模型统称为非关系模型，它们在早期开发的数据库中使用。

在非关系模型中，实体用节点来表示，每个节点代表一个实体，实体间的联系用节点之间的连线表示。每个节点上方的节点称为该节点的父节点，而其下方的节点称为子节点。没有子节点的节点称为叶节点。

1.　层次模型

用图表示，层次模型是一棵倒立的树，它的数据结构主要有以下两个特征：

（1）有且仅有一个节点没有父节点，这个节点称为根节点。

（2）其他节点有且仅有一个父节点。

层次模型的结构示意图如图 1.8 所示。

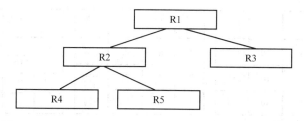

图 1.8　层次模型结构示意图

图中 R1 为根节点，又是 R2、R3 的父节点；R2，R3 为兄弟节点，同时又是 R1 的子节点；R4、R5 是兄弟节点，并且是 R2 的子节点；R3、R4、R5 为叶节点。

层次模型具有层次分明、结构清晰的优点，但其只能反映实体间一对多的关系，而不能反映多对多的关系。

2.　网状模型

用图表示，网状模型是一个网络，它的数据结构主要有以下两个特征：

（1）允许一个以上的节点无父节点。

（2）一个节点可以有多于一个的父节点。

网状模型的结构示意图如图 1.9 所示。图 1.9 中 R1、R2 无父节点，R3 有 R1 和 R2 有两个父节点，R4 有 R1 和 R5 两个父节点。

从以上两种模型的示意图可看出，在层次模型中，查找某一节点必须从根节点开始查起，但网状模型允许从任意节点查起；在层次模型中，对子节点而言，可以直接查找到父节点，但在网状模型中，从子节点到父节点的联系不唯一，必须靠联系名区分，如图 1.9 中的节点 R3，它的父节点可以是 R1 或 R2，它们之间的联系分别命名为 L2 和 L3。这样通过子节点的联系名可唯一确定其父节点。

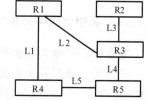

图 1.9　网状模型结构示意图

网状模型能够反映实体间的复杂关系，可以直接描述多对多联系，但使用较复杂。

3.　关系模型

关系模型是目前最流行的数据库模型。它有严格的数学基础以及在此基础上发展起来的关系数据理论。

关系模型的数据结构简单清晰，是一个二维表的集合，每个表格就是一个关系。无论是实体还是实体之间的联系都用关系（二维表）来表示，所以在关系模型中，只有单一的"关系"这种结构类型。作为关系的二维表必须满足下列条件：

（1）表中的每一列是类型相同的数据。

（2）表中行、列的排列顺序是无关紧要的。

（3）表中的每列是不可再分解的最小数据项，即表中不允许有子表。

（4）表中的任意两行不能相同。

如图 1.10 所示的三个关系 S、P、SP 分别为供应厂表、零件表和仓库表，分别描述了三个不同的实体集，每一个关系都由同一类型的记录组成。不同关系可以有相同的属性，它表示关系间的联系。S 和 SP、P 和 SP 都存在一定的联系。

供应厂号	厂名	状态码	厂址
S1	YL	20	宁波
S2	XQ	10	西安
S3	XT	30	上海

关系 S

零件号	零件名	颜色	存放点
P1	lm	红	宁波
P2	ls	蓝	上海
P3	ld	绿	上海

关系 P

供应厂号	零件号	存储量
S1	P1	300
S1	P2	400
S2	P1	200
S3	P3	100

关系 SP

图 1.10　三个关系

关系模型要求关系必须满足一定的规范条件，即关系必须是规范化的，这方面知识将在下一节讨论。

关系模型与其他模型相比有以下优点：

（1）它建立在严格的数学基础上，有较强的理论根据。

（2）它的数据结构简单、清晰，对数据的操作结果也是关系，用户易懂易用。

（3）它把存取路径对用户隐藏起来，用户只要指出"干什么"或"找什么"，不必详细说明"怎么干"或"怎么找"。

关系模型的特点或优点在以后章节的讨论中将会有深刻体会，本书将要介绍的 Access 2003 就是一种典型的关系型数据库管理系统。

1.2.4　将概念模型转换为数据库模式

将概念模型转换为数据库模式是数据库逻辑结构设计的任务，即把 E－R 图转换为数据模型，这里以关系模型和关系数据库管理系统为基础进行讨论。

E－R 图向关系模型的转换要解决的问题是如何将实体和实体间的联系转换为关系模式，如何确定这些关系到模式的属性和键。

关系模型的逻辑结构是一组关系模式的集合。E－R 图是由实体、实体的属性和实体之间的联系组成的。所以将 E－R 图转换为关系模型实际上就是要将实体、实体的属性和实体之间的联系转换为关系模式，这种转换应遵循如下原则：一个实体型转换为一个模式，实体的属性就是关系模式的属性，实体的键即为关系模式的键。下面以图书借阅管理系统的局部 E－R 图为例进行解释。

按照这一原则，它转换为如下的三个关系模式：

（1）会员（会员编号、姓名、性别、办证日期），键为"会员编号"。

（2）图书（图书编号、书名、作者、出版社），键为"图书编号"。

（3）类别（图书类别编号、图书类别名），键为"图书类别编号"。

对于实体间的联系，就要视 1:1、1:n、m:n 三种不同情况做不同的处理。

（1）一个 1:1 的联系，可以转换为一个独立的关系模式，也可以与任意一端对应的关系模式合并。如果转换为一个独立的关系模式，则与该联系相连的各实体的键以及联系本身的属性均转换为关系的属性，每个实体的键均是该关系的键。如果是与某一端实体对应的关系模式合并，则需要在该关系模式的属性中加入另一个关系模式的键和联系本身的属性。

（2）一个 1:n 的联系，可以转换为一个独立的关系模式，也可以与 n 端对应的关系模式合并。如果转换为一个独立的关系模式，则与该联系相连的各实体的键以及联系本身的属性均转换为关系的属性，而关系的键为 n 端实体对应的关系模式的键。如果与 n 端对应的关系模式合并，则在 n 端实体转换的关系模式中加入 1 端实体转换成的关系模式的键和联系本身的属性。

（3）一个 m:n 的联系，则将该联系转换为一个独立的关系模式，其属性为两端实体类型的键加上联系本身的属性，而关系的键为两端实体的键的组合。

图 1.7 的图书和会员间存在 m:n 的联系。按照这一原则，它转换为如下的关系模式：借阅（会员编号，图书编号，借书日期），键为（会员编号，图书编号）组合。

提示

目前广为使用的数据模型大致分为两种：一种称为概念模型（信息模型），它独立于任何计算机系统；另一种称为基本数据模型，它是按计算机系统的观点对数据建模，如层次模型、网状模型、关系模型等。这两种模型可以看成两个过程。一般在设计数据库时，先调研某个企业、组织或部门的情况，为其建立概念模型，其次再将概念模型转换为基本数据模型，最终在计算机上得以实现。现在还没有基于概念模型的数据库管理系统。

1.3　关系数据库

关系数据库是采用了关系模型作为数据的组织方式。它是表的集合，对关系数据库的查询和更新操作都归结为对关系的运算。

1.3.1　关系数据库的基本概念

在关系数据库中，经常会提到关系、属性等关系模型中的基本概念。为了进一步了解关系数据库，首先给出关系模型中的一些基本概念。

关系：一个关系就是一张二维表，每个关系有一个关系名，在 Access 2003 中，一个关系就是一个表对象。

属性：表中的一列称为属性，给每一列起一个名即为属性名，属性的个数即为关系的度。在 Access 2003 中，将属性称为字段。

域：一个属性的取值范围叫做域。

元组：表中的一行称为一个元组，在 Access 2003 中，将元组称为记录。

主码：表中的某个属性或属性组，若它们的值唯一地标识一个元组，称该属性组为候选码，若一个关系有多个候选码，则选定其中一个作为主码。在 Access 2003 中，将主码称为主键。

关系模型：是对关系的描述，它包括关系名、组成该关系的属性名。记为关系名（属性名 1，属性名 2，…，属性名 n）。如学生基本情况的关系模式记为学生基本情况（学号，姓名，性别，年龄，系）。一个关系模式在某一时刻的内容是元组的集合，称为关系。在不引起混淆的情况下，关系和关系模式统称为关系。表 1.1 是一个例子。

表 1.1 关 系 U

学　号	姓　名	性　别	系	年　龄
20091101	张华君	男	计算机	23
20091102	徐逸华	男	计算机	24
20091201	朱国庆	女	物理	22
20091301	郭茜茜	女	外语	23
20091302	高　涵	男	外语	23
20091401	张　三	男	数学	25

1.3.2 关系运算及关系完整性

对关系数据库进行操作（如查询）时，常会涉及关系运算。关系运算有两种：传统的集合运算（并、差、交、笛卡儿积等）和专门的关系运算（选择、投影、连接、除法）。

传统的集合运算将关系看作集合，是从关系行的角度分析；专门的关系运算不仅涉及关系的行，还涉及关系的列，是根据数据库操作需要而专门设计的，在关系数据库管理系统中都有相应的操作命令，下面介绍选择、投影、连接三种专门关系运算。

1. 关系运算

关系运算的操作对象是关系，运算结果仍为关系。

（1）选择。选择运算是在关系中选择满足某些条件的元组组成新关系，是在二维表中选择满足指定条件的行。例如，在学生基本情况表中，若要找出所有女学生的元组，就可以使用选择运算来实现，条件是：Sex= "女"。

（2）投影。投影运算是在关系中选择某些属性列。例如，在学生基本情况表中，若要仅显示所有学生的学号、姓名和性别，那么可以使用投影运算来实现。投影后可能会产生重复元组。

（3）连接。连接运算是从两个关系的笛卡儿积中选取属性间满足一定条件的元组。

假设现有两个关系：关系 R 和关系 S，分别如表 1.2 和表 1.3 所示。现在对关系 R 和关系 S 进行广义笛卡儿积运算，那么运算结果为如表 1.4 所示的关系 W。

表 1.2 关 系 R

学　号	姓　名	性　别
20091101	张华君	男
20091102	徐逸华	男
20091201	朱国庆	女

表 1.3 关 系 S

学　号	课　程	分　数
20091101	1021	100
20091102	1031	98
20091201	1011	88
20091201	1021	90

表 1.4　关　系　W

学　号	姓　名	性　别	课　程	分　数
20091101	张华君	男	1021	100
20091101	张华君	男	1031	98
20091101	张华君	男	1011	88
20091101	张华君	男	1021	90
20091102	徐逸华	男	1021	100
20091102	徐逸华	男	1031	98
20091102	徐逸华	男	1011	88
20091102	徐逸华	男	1021	90
20091201	朱国庆	女	1021	100
20091201	朱国庆	女	1031	98
20091201	朱国庆	女	1011	88
20091201	朱国庆	女	1021	90

　　若进行条件为"R.学号=S.学号"的等值连接运算，那么连接结果为关系 V，如表 1.5 所示。从表 1.5 中可以看出，关系 V 是关系 W 的一个子集。

表 1.5　关　系　V

学　号	姓　名	性　别	课　程	分　数
20091101	张华君	男	1021	100
20091102	徐逸华	男	1031	98
20091201	朱国庆	女	1011	88
20091201	朱国庆	女	1021	90

　　若在等值连接的关系 V 中去掉重复的属性（或属性组），则此连接称为自然连接。表 1.6 所示的关系 Y 是关系 R 和关系 S 在条件"R.学号=S.学号"下的自然连接。

表 1.6　关　系　Y

学　号	姓　名	性　别	课　程	分　数
20091101	张华君	男	1021	100
20091102	徐逸华	男	1031	98
20091201	朱国庆	女	1011	88
20091201	朱国庆	女	1021	90

　　对关系数据库的实际操作，往往是以上几种操作的综合应用。

提示

　　选择、投影操作是基于单个关系的，连接是基于多关系的。

2. 关系完整性

针对关系的某种约束条件就是关系模型的完整性。关系模型中有 3 类完整性的约束条件：实体完整性、参照完整性和用户定义的完整性，前两种是关系模型必须满足的完整性。

（1）实体完整性。实体完整性规则指关系的所有主属性不能取空值。

例如在 SP 关系（参见图 1.10）中，零件号和供应厂号为主码，则主属性零件号和供应厂号都不能取空值，否则，就无法标识相应的元组。

（2）参照完整性。关系的参照完整性是指关系间存在的属性之间的引用参照关系。

例如图 1.10 中的三个关系可如下表示，关系中的主码用下划线标识。

S（<u>供应厂号</u>，厂名，状态码，厂址）

P（<u>零件号</u>，零件名，颜色，存放点）

SP（<u>供应厂号</u>，<u>零件号</u>，存储量）

在这三个关系间就存在着属性之间的引用参照关系。SP 关系中的"供应厂号"必须是确实存在的供应厂号，取值必须是 S 关系中主码"供应厂号"的值，SP 关系中的"零件号"必须是确实存在的零件号，取值必须是 P 关系中主码"零件号"的值。

参照完整性实际上是外码与主码间的引用规则。如果关系 R1 中属性 X1 不是 R1 的主码，而是与另一关系 R2 的主码相对应，则称 X1 是关系 R1 的外码。上例中"供应厂号"和"零件号"属性分别是 SP 关系外码，它们对应 S 中的"供应厂号"与 P 中的"零件号"。SP 关系为参照关系，S 和 P 关系均为被参照关系。

（3）用户定义的完整性。用户定义的完整性是针对某一具体关系数据库的约束条件。它反映某一具体应用所涉及的数据必须满足的语义要求。例如在图书借阅管理系统中，借还书关系的属性中，要求"借书日期"必须在"还书日期"之前。

1.3.3　函数依赖

函数依赖用以说明在一个关系中属性之间的相互联系的情况。假设在关系 R 中，X、Y 为 R 的两个属性，如果每个 X 值只有一个 Y 值与之对应，则称属性 Y 函数依赖于属性 X；或称属性 X 唯一确定属性 Y，记作 $X \to Y$。如果 Y 不函数依赖于 X，记作 $X \nrightarrow Y$。

如果 $X \to Y$，同时 $Y \not\subset X$，则称 $X \to Y$ 是非平凡的函数依赖。本书仅讨论非平凡的函数依赖。例如，要求设计图书借阅数据库，描述会员情况的关系模式如下。

STUD（会员编号，姓名，图书类别，类别编号，图书编号，书名，借书日期）。根据实际情况，这些数据有如下语义规定：

（1）一个图书类别有若干本书，但一本书只属于一种类别。

（2）一个会员可以借阅多本图书，每本图书可有若干会员借阅。

（3）每个会员借阅图书有一个借书时间。

在此关系模式中填入一部分具体的数据，则可得到 STUD 关系模式的实例，如表 1.7 所示。

表 1.7　关 系 STUD

会员编号	姓名	图书类别	类别编号	图书编号	书名	借书日期
AAAA-1111	李秀才	计算机	01	393138001	局域网一点通	2007-3-26
BBBB-2222	百展堂	文化	03	393138002	易中天品三国	2007-3-18

续表

会员编号	姓名	图书类别	类别编号	图书编号	书名	借书日期
CCCC-3333	童湘玉	文化	03	393138003	历史上的多尔衮	2007-3-30
dddd-4444	吕大嘴	经济	02	393138004	赢在执行	2007-3-24
eeee-5555	过芙蓉	经济	02	393138005	细节决定成败	2007-3-26
ffff-6666	莫晓贝	文化	03	393138006	论语心得	2007-3-22
BBBB-2222	百展堂	计算机	01	393138007	C++语言程序设计	2007-3-28
hhhh-8888	祝妩双	计算机	01	393138008	Power Builder	2007-3-26
iiii-9999	邢捕头	计算机	01	393138001	局域网一点通	2007-3-30

从表 1.7 可知，这个关系每个字段不可再分，"会员编号"和"图书编号"的组合不能重复，"姓名"可以重复，其他字段也可重复，只有"会员编号"和"图书编号"的组合能唯一确定一个元组，因此是此关系的唯一候选键，也就是主键。

再通过语义分析，这个关系 7 个属性之间的函数依赖如图 1.11 所示。

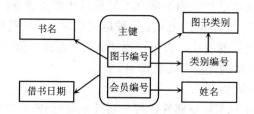

图 1.11　关系 STUD 各属性的函数依赖

从图 1.11 可知，只有"借书日期"是依赖于主键（"会员编号"+"图书编号"），称属性"借书日期"对于主键是完全函数依赖的，称其他属性对于主键是部分函数依赖。此外，属性"图书类别"实际上是由"类别编号"决定的，而"类别编号"又是由"图书编号"决定的，因而属性"图书类别"是通过"类别编号"间接地函数依赖于"图书编号"，但反过来"图书编号"不函数依赖于"类别编号"，称这种情况为属性"图书类别"对"图书编号"的传递函数依赖。

综上所述，函数依赖分为完全函数依赖、部分函数依赖和传递函数依赖三类，它们是规范化理论的依据和规范化程度的准则，下面将以介绍的这些概念为基础，进行数据库的规范设计。

1.3.4　关系模式的规范化

以上介绍了关系数据库的基本概念和关系模型的三要素，但还有一个很基本的问题尚未涉及：针对一具体问题，应如何构造一个适合于它的数据模式，即构造几个关系模式，每个关系模式由哪些属性组成等。这是数据库逻辑设计问题。

1．规范化问题的提出

如表 1.7 所示的关系 STUD，在进行数据库的操作时，存在以下几方面的问题。

（1）数据冗余。例如每个"类别编号"和"图书类别"的名字重复存储多次，数据的冗余度很大，浪费了存储空间。因要多处修改，所以修改时不易维护数据的一致性。

（2）插入异常。如果某个类别没有图书，尚无图书时，或当某个会员尚未借书，即"图书编号"为空，则根据实体完整性要求，不允许此类元组存在，从而导致"类别编号"和"图书类别"等元组中的其他信息无法插入到数据库中。

（3）删除异常。某类图书全部被会员还掉而没人借时，删除全部会员某类图书的借书记录则"类别编号"、"图书类别"也随之删除，而这个类别的书依然存在，在数据库中却无法找到该类别的信息。另外，如果某个会员不再借阅编号为 393138001 的图书，本应该只删去 393138001，但 393138001 是主关键字的一部分，为保证实体完整性，必须将整个元组一起删掉，这样，有关该会员的其他信息也随之丢失。

由于存在以上问题，因此说 STUD 是一个不好的关系模式。产生上述问题的原因，直观地说，是因为关系中"包罗万象"，内容太杂了。为此，要把关系模式 STUD 规范化，分解为好的关系模式，以消除上述问题。

2. 关系数据库的规范化过程

规范化的基本思想是消除关系模式中的数据冗余，消除数据依赖中的不合适的部分，解决数据插入、删除时发生的异常现象。

把关系数据库的规范化过程中为不同程度的规范化要求设立的不同标准称为范式。由于规范化的程度不同，就产生了不同的范式。每种范式都规定了一些限制约束条件。范式的概念最早由 E.F.Codd 提出。到目前为止，有第一范式、第二范式、第三范式、BC 范式、第四范式和第五范式等。一般的应用满足第三范式即可。

这三种标准的规范规则如下：

（1）第一范式（1NF）无重复属性，每个属性不可再分，最低要求。

（2）第二范式（2NF）满足第一范式，且非主属性不部分依赖于候选键。

（3）第三范式（3NF）满足第二范式，且任何非主属性不传递依赖于任何候选键。

下面以关系模式 STUD 为例，介绍一下数据库设计规范化过程。

STUD 属性之间的函数依赖参见图 1.11，"会员编号"+"图书编号"为其候选键，且没有其他候选键，故主属性为"会员编号"+"图书编号"，主键也为"会员编号"+"图书编号"；而非主属性为"姓名"、"类别编号"、"图书类别"、"书名"、"借书日期"，并且 STUD 的每个属性都是不可再分的，且其中无任何重复的属性，故 STUD∈1NF。因为"姓名"、"类别编号"、"书名"部分依赖于主键，故 STUD∉2NF。解决的方法是对 STUD 进行投影分解，分成三个关系模式 S（图书编号，书名，类别编号，图书类别）、T（会员编号，姓名）和 ST（会员编号，图书编号，借书日期），每个关系的函数依赖如图 1.12 所示。

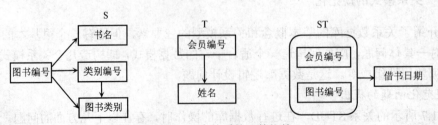

图 1.12　三个关系的函数依赖

对于 T 和 ST，其任何非主属性都既不部分函数依赖于任何候选键，也不传递函数依赖于任何候选键，故 T∈3NF，ST∈3NF。但对于 S，非主属性"图书类别"传递函数依赖于"图书编号"，故 S∉3NF。再对其进行投影分解，分成 S1（图书编号，书名，类别编号）和 S2（类别编号，图书类别），函数依赖如图 1.13 所示。

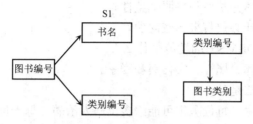

图 1.13　关系 S1、S2 的函数依赖

根据定义 S1∈3NF，S2∈3NF。至此，STUD 分解为 S1、S2、T 和 ST 四个关系模式，都属于第三范式，解决了存在的三大问题。

（1）不存在冗余、重复。S1 是有关图书的信息，S2 是有关图书类别的信息，T 是有关会员的信息，ST 是有关借书的信息。它们的信息互相不重复，但通过关系运算可以得到各种需要的信息。

（2）不存在插入异常。例如，若某个新类别没有图书时，"类别编号"和"图书类别"的信息可加入 S2 中。

（3）不存在删除异常。例如，某类别图书全部还掉而没有会员借阅时，删除 T 中全部该类别会员的记录，而这个类别依然存在，在关系 S2 中可找到该类别的信息。

这样就完成了数据库设计的规范化。

3．规范化中遵循的原则

关系分解时要受到数据间的相互约束，在分解过程中要注意以下两条原则。

（1）无损分解原则。关系的无损分解就是在关系分解过程中既不能丢失数据，也不能增加数据；同时还要保持原有的函数依赖。

（2）相互独立原则。所谓独立是指分解后的新关系之间相互独立，对一个关系内容的修改不应影响到另一个关系。

另外，关系分解必须从实际出发，并非范式等级越高越好。因为分解越细，当要对整体查询时，需要更多的多表连接操作，这有可能得不偿失。

提示

（1）关系模式的存储异常是由于不合适的函数依赖关系造成的，比如部分函数依赖和传递函数依赖，而关系规范化（范式）正是消除不合适的函数依赖，避免关系模式的存储异常。

（2）第二范式规定每一个非主属性完全函数依赖于键，消除了部分函数将关系变为完全函数依赖。第三范式规定每一个非主属性既不部分函数依赖于键也不传递函数依赖于键，将关系变为直接函数依赖。因此符合第三范式的关系必定符合第二范式。

习　　题

1. 怎样实现关系的实体完整性和参照完整性？
2. 不合理的数据库设计必定带来哪些问题？
3. 数据库管理系统（DBMS）的功能是什么？
4. 举例说明什么是实体、属性、实体集和联系。
5. 概念模型的表示方法是什么？
6. 医院中有若干个医生，每位医生可能给多位病人治病，每一位住院病人可以有多位治疗医生，每一个病房允许住多位病人，而每一位病人只能住在一间病房中，每一位住院病人可能有多次住院记录，当然每一份住院记录上反映的只能是一位病人的情况；病房中有多个床位，一个床位只能在一个病房中；一个床位可以反映在不同的住院记录中，而一份住院记录只能记录一张病床的情况。请用 E－R 图画出医院的概念模型。
7. 将第 6 题中的 E－R 图转换成关系模式。

第 2 章　Access 关系数据库

本章概述

Access 是微软公司的关系数据库管理系统（RDBMS）的产品，也是 Microsoft Office 的一部分，具有方便的操作界面和使用环境，深受广大用户的喜欢。本章主要介绍 Access 2003 的新特点、基本功能和用途、工作环境、数据库对象、数据库的管理和安全。

重点

- ◆　Access 的工作环境
- ◆　Access 的数据库对象
- ◆　Access 数据库设计步骤
- ◆　Access 数据库的管理和安全

难点

- ◆　数据库的设计步骤

2.1　Access 2003 基础

Access 是一种关系数据库管理系统，它功能强大且使用方便，可运行于现在流行的各种 Microsoft Windows 系统环境中。它的职能是维护数据库，接受和完成用户提出的访问数据的各种请求。

2.1.1　Access 2003 的新特点

Access 2003 是 Access 2002 的一个升级版本，它提供了更多的新增和改进的功能，主要有以下几项。

1. 查看有关对象相关性的信息

可在 Access 2003 中查看有关数据库对象之间相关性的信息。查看使用了特定对象的对象列表将有助于随着时间的变化对数据库进行维护，并避免出现与缺少记录源相关的错误。例如，如果不再需要"销售"数据库中的"季度订单"查询，则应在删除之前，看看数据库中是否还有其他对象使用该查询，然后更改相关对象的记录源，或在删除"季度订单"查询之前删除它们。查看完整的相关对象列表有助于节省时间并减少错误的出现机会。

2. 窗体和报表中的错误检查

在 Access 2003 中，可对窗体和报表中的常见错误启用自动错误检查。错误检查可指出错误，例如，两个控件在使用同一个键盘快捷键，报表的宽度大于打印页面所能容纳的宽度。启用错误检查有助于识别错误并予以纠正。

3. 传播字段属性

在以前的 Microsoft Access 版本中，如果用户修改了字段的继承属性，则必须手动修改每个窗体和报表中相应控件的属性。现在，当用户在"表"设计视图中修改继承的字段属性时，Access 2003 会显示一个选项，用来更新绑定到该字段的所有或部分控件的属性。

4. 备份数据库或项目

可以在对数据库或项目做重大更改之前备份当前的数据库或项目。备份将保存在默认的备份位置或当前的文件夹内。

若要还原数据库，请转到备份位置，重命名此文件，然后在 Access 2003 中打开。

5. 自动更正选项

在 Access 2003 中，可以对"自动更正"功能的行为有更多的控制。"自动更正选项"按钮显示在已自动更正的文字旁。如果发现不希望更正某处文字，则可取消更正，或者通过单击按钮并作出选择来打开或关闭"自动更正"选项。

6. XML 支持

使用 Access 2003 中增强的 XML 支持，可以在从 XML 中导入或向 XML 导出数据时指定一个转换文件。该转换将被自动应用。当导入 XML 数据时，只要数据一导入，就会在创建任何新表或附加现有表之前，对数据应用此转换。当将数据导出到 XML 中时，转换在导出操作之后进行。

7. 改进了访问功能

Access 2003 现在处理窗体和报表的方式更为简便。

（1）在窗体和报表的"设计"视图中，按 F8 键可显示字段列表。

（2）在窗体或报表"设计"视图下选择字段列表中的某个字段后，如果按下 Enter 键，系统就会自动将该字段添加到窗体或报表的设计界面中。

（3）按 Ctrl+Tab 组合键会将焦点从窗体或报表部分移到某个子部分。

（4）此外，在打印预览的"显示比例"选项中还添加了两个附加功能（1000%和 500%）。另外还有其他方面的一些改进，这里不再详述，有兴趣的读者可参考其他相关书籍。

2.1.2 Access 2003 数据库对象

Access 2003 关系数据库是数据库对象的集合。数据库对象包括：表（Table）、查询（Query）、窗体（Form）、报表（Report）、数据访问页（Page）、宏（Macro）和模块（Module）。在任何时候，Access 2003 只能打开并运行一个数据库。但是，在每一个数据库中，可以拥有众多的表、查询、窗体、报表、数据访问页、宏和模块。

这些数据库对象都存储在同一个以.mdb 为扩展名的数据库文件中。这些对象在数据库窗口中分组显示，如图 2.1 所示。

（1）表：表是有结构的数据的集合，是数据库应用系统的数据仓库。

（2）查询：显示从多个表中选取的数据。借助于查询，用户可以指定如何表示数据，选择构成查询的表，并可以从所选表中提取出特定的字段。用户可以通过指定要查询数据的条件来决定显示的数据项。

（3）窗体：窗体对象允许用户采用可视化的直观操作设计数据输入、输出界面的结构和布局。也可以包含 VBA 代码来提供事件处理。子窗体是包含于主窗体中的窗体，主要用来简化用户的操作。

（4）报表：用友好和实用的形式来打印表和查询完的数据。报表中可以加入图形来美化打印效果。报表中同样也可以添加 VBA 代码来实现一定的功能。

（5）数据访问页：数据库窗口中的"页"对象。数据访问页可以将数据库中的记录发布到 Internet 或 Intranet，并使用浏览器进行记录的维护和操作。

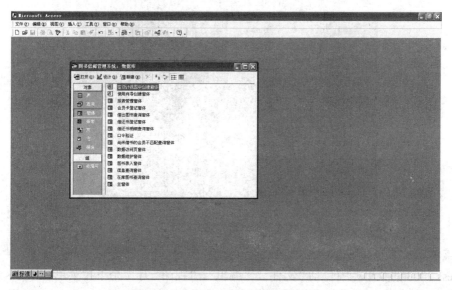

图 2.1　Access 2003 中的数据库对象

（6）宏：宏对象是一个或多个宏操作的集合，其中的每一个宏操作执行特定的单一功能。用户可以将这些宏操作组织起来形成宏对象以执行特定的任务。Microsoft 建议在 Access 应用系统中采用 VBA 代码来进行事件的处理。

（7）模块：模块对象是将 Visual Basic for Application（简称 VBA）编写的过程和声明作为一个整体进行保存的过程的集合。通过在数据库中添加 VBA 代码，就可以创建出自定义菜单、工具栏和具有其他功能的数据库应用系统。

Access 2003 提供的上述 7 种对象分工极为明确，它们之间互相合作，共同完成数据库应用系统的创建。

 提示

数据库中的 7 种对象中"页"是单独存储的，数据库文件扩展名为.mdb，"页"单独存储为.htm 或.html 文件。

2.2　Access 2003 开发环境

作为 Microsoft Office 2003 套件的成员之一，Access 2003 的使用界面与 Word、Excel 等的风格相同。在 Access 2003 中编辑数据库对象就像在 Word 中编辑文档、在 Excel 中编辑数据表一样方便。

2.2.1 Access 2003 的主窗口

Access 2003 的主窗口如图 2.2 所示，其中包括标题栏、菜单栏、工具栏、状态栏以及编辑区等。

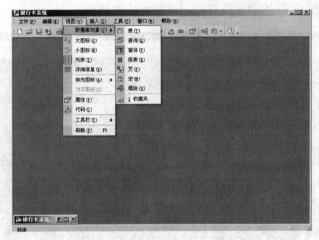

图 2.2　Access 2003 主窗口

1．菜单栏

Access 2003 的菜单栏中包括"文件"、"编辑"、"视图"等 7 个下拉菜单。Microsoft Office 会根据用户对命令的使用自动地自定义菜单和工具栏。当第一次启动 Access 2003 时，将只出现最基本的命令。接着，菜单和工具栏随着用户的工作不断进行调整，只有最经常使用的命令才会出现。

要查找一个不经常使用或者从未使用过的命令，可单击下拉菜单底部的箭头，以显示所有命令，也可以在菜单栏中双击菜单名称将其展开。当展开一个菜单时，所有菜单命令都将显示，此时可以选择一个命令或执行其他操作。当用户单击了扩展菜单中的命令时，该命令将立即加入短菜单中。

2．工具栏

Access 2003 的工具栏非常丰富，对应于不同的对象有不同的工具栏。工具栏的最大特点是可以自动显示或隐藏。

用户可以改变工具栏大小，以显示更多按钮或显示所有按钮。若要显示没有出现在内置固定工具栏上的按钮的列表，可单击工具栏末端的"工具栏选项"。当用户使用不在工具栏上显示的按钮时，那个按钮会移到工具栏上，而一个最近未使用的按钮会退到"工具栏选项"列表中。用户可以添加和删除工具栏上的按钮，创建自定义工具栏。

此外，Access 2003 具有强大的帮助系统。

2.2.2　数据库窗口

在创建或打开了某个数据库之后，Access 2003 的开发环境中就会显示数据库窗口。所有的数据库操作都是围绕数据库窗口进行的。

下面通过"Northwind"数据库来了解 Access 2003 的数据库窗口。打开 Northwind 数据库后，将显示如图 2.3 所示的数据库窗口，其中包含了该数据库的所有组成部分。

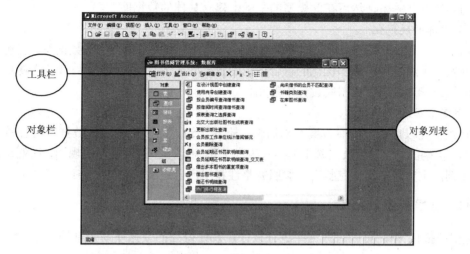

图 2.3　数据库窗口

数据库窗口由工具栏、对象栏和对象列表三部分组成。

1．工具栏

工具栏中包含三组按钮：第一组是用于操作数据库对象的三个按钮，对于不同类型的对象，三个按钮的内容和含义有所不同；第二组只有一个按钮，用于删除选中的对象；第三组按钮共 4 个，用于设置对象列表的显示方式。

2．对象栏

数据库窗口左边是对象栏。其中包含若干个组，"对象"组是最常见的组。

3．对象列表

单击对象栏中的某个按钮时，右边的列表框将显示当前选中的对象列表，以及用于创建该对象的快捷方式。例如，在图 2.3 中，当前选中的对象是"查询"，则右框中列出了该数据库所有"查询"的项目。

2.3　Access 2003 数据库设计

在使用 Access 2003 实现一个数据库应用系统之前，要先对数据库进行规划和设计。

2.3.1　数据库的规划

设计数据库之前，若不进行认真"规划"，将会带来各种问题。如果数据库中的数据量不大，而且数据间的逻辑关系比较简单，则数据库的结构设计相对容易，编辑修改也比较方便；反之，如果数据库内容庞杂，关系复杂，编辑修改将很困难。

Access 2003 数据库是所有相关对象的集合，其中表是数据库的基础，它记录着数据库中的全部内容。因此，设计一个数据库的关键就集中体现在表的设计上。

1．确定 E－R 模型

首先要把现实世界的各种事物及事物之间的联系转换为信息世界中的各种实体及实体间

的联系。实体－联系模型（E－R 模型）已成为数据库逻辑设计的通用工具，它识别和创建数据库中的实体及其关系，然后在此模型的基础上建立具体的数据库。

2. 数据库的规范化

根据 E－R 模型形成一个抽象的逻辑视图后，一般采用关系模型构造数据库。在建造数据库之前开发一个经过规范化和优化的符合逻辑的数据库方案显得尤为重要。规范化就是根据关系数据库的设计理论消除数据库设计中的冗余。

3. 确定数据的完整性

经过规范化以后的数据库方案结构清晰，不易出错。为了确保进入数据库的各种数据均是有效的、正确的，还要为数据库中的表和表间关系制定一些必须遵循的规则，这就是数据的完整性规则，主要包括实体完整性、参照完整性和用户自定义完整性三类。

2.3.2　数据库设计的步骤

数据库规划完毕，可以对数据库进行设计，设计得当的数据库易于维护。设计的基本步骤如下。

1. 确定数据库的目的

设计数据库的第一个步骤是确定数据库的用途以及使用方法：

（1）与使用该数据库的最终用户交流。对用户希望数据库能够解答的问题进行集体讨论。

（2）草拟一些用户希望数据库生成的报表。

（3）收集一些用户当前用来记录数据的窗体。

在确定数据库的用途时，希望数据库提供的一系列信息都将浮出水面。由此，可以确定需要在数据库中存储哪些事实，以及每个事实属于哪个主题。这些事实是与数据库中的字段（列）对应的，这些事实所属的主题是与表对应的。

2. 确定数据库中需要的表

这是数据库应用系统设计过程中最重要的一个环节。应按以下设计原则对信息进行分类：

（1）数据表中不应该包含重复信息，并且信息不应该在数据表之间复制。

（2）每个数据表应该只包含关于一个实体的信息。

3. 确定数据表中需要的字段

每个表都包含关于同一实体的信息，而表中的每个字段包含关于该实体的各个属性。在确定每个字段属于哪个表时，请切记以下设计原则：

（1）每个字段都直接与表的主题有关。

（2）不包含推导或计算的数据，如同一表中其他字段的计算结果。

（3）包含表所需的所有信息。

（4）以最小的逻辑部分保存信息。例如，对英文姓名应该将姓和名分开保存。

4. 明确有唯一值的字段

为了让 Access 2003 能连接到在一些表中分开存储的信息，例如将某个会员与该会员的所有借书记录相连接，数据库中的每个表都必须包含表中唯一标识每个记录的字段或字段集。这种字段或字段集称作主键。

在 Access 2003 中可以定义三种主键：自动编号、单字段和多字段。

5．确定表之间的关系

既然已将信息分开放入一些表中，并标识了主键字段，所以需要通过某种方式告知Access 2003 如何以有意义的方法将相关信息重新结合到一起。为此，必须定义表与表之间的关系。

6．优化设计

在设计完需要的表、字段和关系后，就应该检查该设计并找出任何可能存在的不足。因为现在改变数据库的设计要比更改已经填满数据的表容易得多。

7．输入数据并创建其他数据库对象

如果认为表的结构符合上述设计原则，就应该继续进行并在表中添加所有已有的数据，然后就可以创建其他数据库对象——查询、窗体、报表、宏和模块。

8．使用 Access 2003 分析工具

Access 2003 有两个工具可以帮助改进数据库的设计："表分析器向导"和"性能分析器"。"表分析器向导"一次能分析一个表的设计，并能在适当的情况下建议新的表结构和关系；"性能分析器"能分析整个数据库，并做出推荐和建议来改善数据库。

2.3.3　数据库设计实例——图书借阅管理系统

下面用图书借阅管理系统的设计来说明实际的数据库设计过程。

1．功能需求

（1）要求能够对图书资料进行管理，如登记新书，删除不存在的书目，对已经变更的图书信息进行修改，还可以根据多种条件从数据库中查询书目的详细信息。

（2）要求能对新会员信息进行登记，对已经变更的会员信息进行修改，对不再借阅的会员信息进行删除。还可以查询会员的详细信息，以及会员借阅过的书目和正在借阅的书目。

（3）提供借还书表来管理借阅，并且提供查询借阅次数排行榜的功能。

2．确定数据库中的表

按照功能需求的描述，将数据按不同主题分开，各自成表。

（1）图书表：存储图书的资料。

（2）会员表：对会员信息进行登记。

（3）借还书表：提供对会员借书和还书的管理。

（4）类别表：为了方便对图书类别的管理，便于统计。

3．确定表中的字段

每个字段包含的内容应该与表的主题相关，并且包含相关主题所需的全部信息。

各表中包含的内容分析如下。

（1）图书表：图书编号，书名，作者，出版社，是否在库，图书类别。所有信息都必须填写。

（2）会员表：会员证编号，会员姓名，性别，身份证号，单位名称，单位地址，联系电话，办证日期，有效日期，办证费，预交押金，罚款总额。

（3）借还书表：序号，会员证编号，图书编号，借还类型，借书日期，应还日期，还书日期，罚款。

（4）类别表：图书类别编号，图书类别名称。

4. 确定各表的主键

按实体完整性的要求，每个表都必须有一个主键，以此标识不同的记录。若表中没有能用作主键的字段，则可增加一数据类型为"自动编号"的字段作为主键。

"图书表"中的"图书编号"必须输入，且不能重复，为"图书表"的主键，而"会员表"中的"会员证编号"为主键，"类别表"中的"图书类别编号"为主键，"借还书表"中"序号"则是人为加入的主键。

5. 优化设计

经过核查分析，各表中的字段已包含了表所需的所有信息，且每个字段不可再分也不包含其他字段的推导结果，设计比较合理。

经过优化设计的分析，最后得到的数据表共四个，即如上所述的"图书表"、"会员表"、"借还书表"、"类别表"。

6. 确定表之间的关系

"会员表"和"借还书表"之间通过"会员证编号"字段建立一对多的关系，"图书表"和"借还书表"之间通过"图书编号"字段建立一对多的关系，"类别表"和"图书表"之间通过"图书类别"字段建立一对多的关系。

接下来创建其他的查询、窗体、报表和模块等对象，最后使用数据库的分析工具来分析和改进数据库的性能，从而完成数据库应用系统的设计。

2.4　数据库的管理和安全

数据是信息的载体，而数据库是存储数据的场所。为了更好地利用信息，数据库的管理必不可少，同时数据库的安全性也不容忽视。

2.4.1　数据库的管理

在数据库应用系统的使用过程中，要保证数据的正确性、一致性，并使数据及时得到更新，数据库的管理至关重要。它的主要工作包括以下几个方面。

1. 压缩和修复数据库

在表中添加、删除记录或者删除数据库对象，可能会使数据库所占用的磁盘空间变成许多无法有效利用的碎片，从而减慢了系统的执行速度，并且浪费了宝贵的磁盘空间。为了解决这一问题，用户可以定期压缩数据库。Access 2003 能够识别数据库占用的空间，重新利用浪费的磁盘空间。在对数据库文件进行压缩前，Access 2003 会对文件进行错误检查，如果检测到数据库损坏，就会要求修复数据库。压缩和修复数据库的具体操作步骤如下：

（1）保证所有的用户都关闭了数据库。

（2）单击"工具"菜单中的"数据库实用工具"子菜单中的"压缩和修复数据库"命令，系统会弹出"压缩数据库来源"对话框。

（3）选中要压缩的数据库，单击"压缩"按钮，系统便对数据库文件进行检查，检查没错后，会弹出"将数据库压缩为"对话框。

（4）为压缩的数据库文件选择一个新的名字，单击"保存"按钮即可。

2. 复制数据库

复制数据库有别于拷贝数据库文件为一新的文件，它是制作一个数据库的副本，此副本可以与原数据库保持同步更新。复制数据库的具体操作步骤如下：

（1）打开需要创建副本的原数据库。

（2）选择"工具"菜单中"同步复制"子菜单中的"创建副本"命令，系统弹出如图 2.4 所示的对话框，单击"是"按钮，关闭目前打开的数据库，开始创建。

图 2.4　提示对话框

（3）系统弹出一个对话框询问是否将原来的数据库转变为"设计母版"，单击"是"按钮，则把原来的数据库转变为"设计母版"，对数据库结构的更改都必须在"设计母版"中进行。

（4）在"新副本的位置"对话框中选择副本要存放的位置，单击"确定"按钮，系统弹出如图 2.5 所示的对话框，提示副本创建成功。

图 2.5　创建副本成功

（5）单击"确定"按钮，显示如图 2.6 所示的"设计母版"，在每个对象前面多了个小圆盘图标。

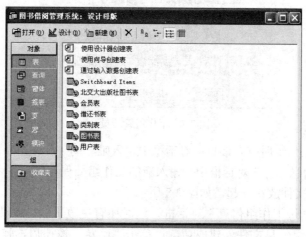

图 2.6　设计母版

当"设计母版"中的数据库对象的结构发生改变后，就需要同步数据库。选择"工具"菜单中"同步复制"子菜单中的"立即同步"命令即可。

3. 转换数据库

由于 Access 版本的不同，所创建的数据库应用系统的文件格式有所区别。在 Access 2003 中可以使用以前版本的 Access 文件。下面介绍将 Access 2003 版本的文件转化为旧版本 Access 文件的方法，具体操作步骤如下。

（1）在 Access 2003 中打开源数据库。

（2）选择"工具"菜单中的"数据库实用工具"中的"转换数据库"子菜单中的"转为 Access 97 文件格式"命令。

（3）在弹出的"将数据库转换为"对话框中设置新文件的位置和名称，单击"保存"按钮。

此时，Access 2003 中专有的特性会由于以前版本的不支持而丢失。

2.4.2 数据库的安全性

在多用户环境下，安全机制非常重要。Access 2003 数据库的安全机制主要包括：保护 Access 数据库文件，使用用户级安全设置保护数据库对象，保护 VBA 代码。

1. 用户级安全

由于 Access 2003 建立数据库时默认权限是所有的用户，所有用户均可以修改和查询数据库，为了保护数据不会被任意修改，为每个用户定义不同权限尤为重要。

（1）工作组管理员。当需要设置用户、组的权限时，必须要先创建一个工作组信息文件来记录所有的设置。Access 2003 默认的为 System.mdw 文件。用户可以利用"工作组管理员"命令创建该文件，具体步骤如下：

1）打开要创建工作组的数据库。

2）选择"工具"菜单中的"安全"子菜单中的"工作组管理员"命令，弹出如图 2.7 所示的对话框，然后单击"创建"按钮。

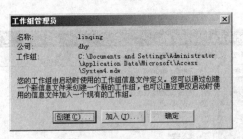

图 2.7　工作组管理员

3）在弹出的"工作组所有者信息"对话框中输入唯一的工作组 ID，单击"确定"按钮。

4）在"工作组信息文件"对话框中，输入新的工作组要保存的位置，单击"确定"按钮，通常与自己的数据库文件放在一起，如图 2.8 所示。

5）系统弹出"确认工作组信息"对话框，这时还有更改机会，确认无误后单击"确定"按钮，系统提示工作组信息文件创建成功，再单击"确定"按钮后，弹出如图 2.9 所示的对话框。

创建工作组文件后，如果要对这个组进行权限设置，需要先把这个组加入到系统中，步骤如下：

1）在如图 2.9 所示的对话框中单击"加入"按钮，系统会弹出如图 2.8 所示的对话框。

2）选择工作组信息文件的位置，然后单击"确定"按钮，系统会提示加入成功，如图 2.10 所示。

图 2.8　工作组信息文件

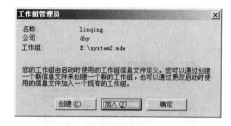

图 2.9　"工作组管理员"对话框

（2）设置用户与组的账号。在设置用户级安全时，一般要建立一个用户与组的账号。这样，当用户启动 Access 2003 时，系统会弹出提示用户登录的对话框。设置账号的具体步骤如下：

1）首先加入要设置账号的工作组信息文件。

2）选择"工具"菜单中的"安全"子菜单中的"用户与组账户"命令，系统弹出如图 2.11 所示的对话框。该对话框有 3 个选项卡，分别用于设置用户、组和登录密码。下面以新建"用户"为例继续讲解操作步骤。

图 2.10　成功加入工作组

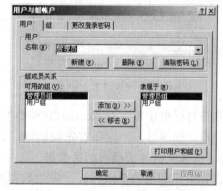

图 2.11　"用户与组账户"对话框

3）单击"用户"选项卡中的"新建"按钮，弹出"新建用户/组"对话框，如图 2.12 所示。在其中输入"名称"和"个人 ID"，单击"确定"按钮即可完成用户账号的创建。

每个工作组中默认的用户只有一个"管理员"，但默认的组有两个，分别是"管理员组"和"用户组"。新建的用户都属于"用户组"，也可加入其他组。要让每个登录 Access 2003 的用户都输入账号和密码，必须为"管理员"用户设置密码，如图 2.13 所示。

设置密码后，重新启动 Access 2003，系统会弹出"登录"对话框，要求输入用户的账号和密码，如图 2.14 所示，只有合法的账号才可登录到数据库。

（3）设置用户与组的权限。设置用户和组的信息后，就需要对用户与组的权限进行设置。首先以"管理员"身份登录，然后选择"工具"菜单中"安全"子菜单中"用户与组权限"命令，弹出如图 2.15 所示的对话框。

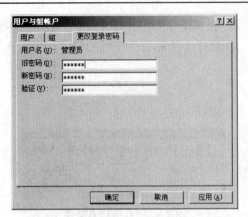

图 2.12　新建用户/组账号

图 2.13　为管理员设置密码

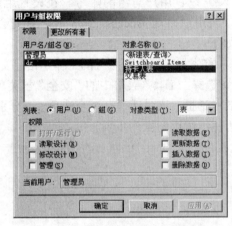

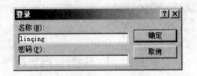

图 2.14　"登录"对话框

图 2.15　"用户与组权限"对话框

在该对话框中可以对 Access 2003 的"数据库"、"表"、"查询"等 6 个对象设置 9 种权限，为用户设计权限时，一定要首先规划好，这样数据库运行才能更加安全。

2. 设置数据库密码与加密数据

设置用户和组的权限后，一般的数据库就可以安全运行了，但为了防止其他人用其他软件打开数据库文件，可以对数据库文件加密，这样无论用什么工具打开数据库，都必须先输入数据库文件密码。具体方法如下：

（1）以独占方式打开数据库文件。

（2）选择"工具"菜单中"安全"子菜单中"设置数据库密码"命令，在弹出的对话框中输入密码后单击"确定"按钮即可。

设置密码后，当试图再次打开数据库时，系统会出现要求输入密码的对话框，如图 2.16 所示。

当用户想取消数据库密码时，也必须"以独占方式打开数据库"，然后选择"工具"菜单中"安全"子菜单中的"撤消数据库密码"命令即可。

图 2.16　"要求输入密码"对话框

虽然为数据库文件设置密码，但数据本身并没有加密。要让非法用户使用其他软件打开数据库文件时，看到的也只是乱码，必须加密数据本身，具体操作是，打开数据库文件，选择

"工具"菜单中"安全"子菜单中"加密/解密数据库"命令即可。

习　　题

1. 简述 Access 2003 新改进的访问功能。
2. Access 2003 的数据库对象有哪些？
3. 简述开发数据库应用系统的过程。
4. 如何复制所创建的数据库？
5. 简述 Access 2003 提供的安全机制。

第 3 章　创建和使用数据库表

本章简介

本章主要介绍数据库创建与使用的方法，讲述表的建立和数据表结构的设计与使用方法，以及表中字段的设计、表的简单管理与使用，并详细介绍了表间关系的创建、删除、查看与使用。

重点

◆　数据库的设计与使用
◆　表的设计与使用
◆　表字段属性的设置
◆　表中数据的输入
◆　设定表的关系

难点

◆　表字段的设计
◆　参照完整性的设计与使用

3.1　创 建 数 据 库

数据表是数据记录的集合，是数据库最基本的组成部分，也是其他对象的数据源。一个表对象就是一个关于特定主题的数据集合。为每个主题使用单个的表，意味着用户仅存储数据一次，可以使数据库的效率更高，并可使数据输入的错误较少。

Access 2003 中，数据库是与特定主题或目的相关的数据的集合，是包含有多种数据库对象的容器。Access 2003 数据库是一个独立的文件，其扩展名为.mdb。在用 Access 2003 创建数据库应用系统之前，必须先创建数据库。

Access 2003 中，有两种方法创建数据库：使用向导和用户自定义。无论用哪一种方法，在数据库创建之后，都可以在任何时候修改或扩展数据库。

1. 使用"数据库向导"创建数据库

使用"数据库向导"仅一次操作就可以为所选择的数据库类型创建所需的表、窗体及报表，具体操作步骤如下：

（1）在"新建文件"任务窗格中单击"模板"选项组中的"本机上的模板"选项，弹出"模板"对话框，切换到"数据库"选项卡并选择要创建的数据库类型（如"订单"），如图 3.1 所示。

（2）在单击"确定"按钮后弹出的"文件新建数据库"对话框中输入新建的数据库文件要存储的位置，单击"创建"按钮。弹出"数据库向导"对话框，如图 3.2 所示。

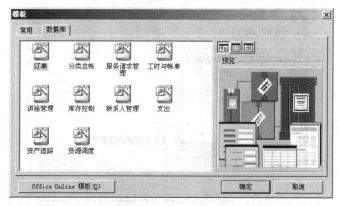

图 3.1 模板数据库

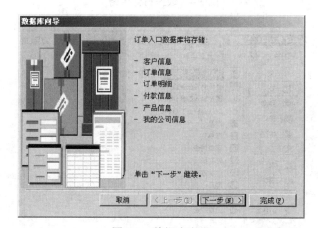

图 3.2 数据库向导

（3）单击"下一步"按钮，根据需要选择其中的表及表中字段，如图 3.3 所示。

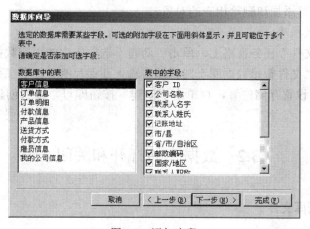

图 3.3 添加字段

（4）单击"下一步"按钮，选择窗体的风格，左边是相应风格的预览，如图 3.4 所示。

（5）单击"下一步"按钮，选择数据库在打印报表时的样式，单击"下一步"按钮。

（6）最后单击"完成"按钮，数据库创建完毕，其对应的数据库子窗口如图 3.5 所示。

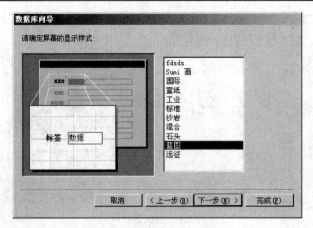

图 3.4 选择窗体风格

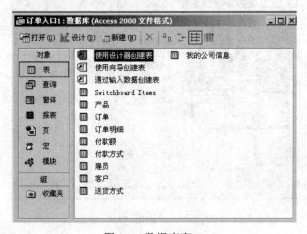

图 3.5 数据库窗口

在数据库窗口中可添加和删除相应的对象。

2. 自定义创建数据库

（1）在"新建文件"任务窗格上，单击"新建"选项组中的"空数据库"选项。

（2）在弹出的"文件新建数据库"对话框中输入要保存的文件名（系统自动在该名称后加".mdb"后缀）并设置存储位置，再单击"创建"按钮即可。接着创建该数据库的表、窗体等其他对象。

3.2 数据库的打开和关闭

3.2.1 打开数据库文件

打开数据库文件的操作步骤如下：

（1）启动 Access 2003，选择"文件"菜单中的"打开"命令，弹出"打开"对话框。

（2）在"打开"对话框中找到要打开的文件，然后可以 4 种方式打开数据库，下一步中将分别介绍。

（3）单击"打开"按钮右侧的下拉按钮，弹出如图 3.6 所示的列表，从中即可选择打开数据库的方式。

1）要以共享方式打开数据库文件，直接单击"打开"按钮即可，也可以选择列表中的"打开"选项。这时网络上的其他用户可同时打开和编辑此文件，这是默认方式。

2）要以独占方式打开数据库文件，则选择"以独占方式打开"选项，这样用户可以防止网络上的其他用户同时访问它。

3）要以只读方式打开数据库文件，则选择"以只读方式打开"选项，这样可防止无意间对数据库的修改。

4）要以独占只读方式打开数据库文件，则选择"以独占只读方式打开"选项，这样具有独占方式和只读方式的综合效果。

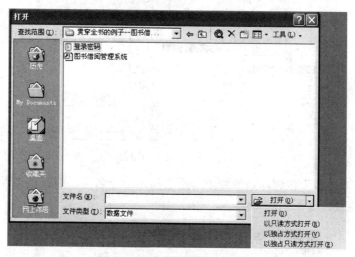

图 3.6　打开数据库的 4 种方式

此外，还可在硬盘上找到该数据库文件，双击打开。此时为默认的共享打开方式。

3.2.2　关闭数据库文件

若要退出 Access 2003，只需选择"文件"菜单中的"退出"命令即可。如果只想关闭数据库文件而不退出 Access 2003，则选择"文件"菜单中的"关闭"命令，或单击数据库窗口的关闭按钮即可。

3.3　数据表的建立

表是 Access 2003 数据库系统的基石，是保存数据的地方。因此，在创建其他的数据库对象之前，必须先设计出表。

Access 2003 提供多种创建表的方法：一是使用"设计"视图，从无到有指定表的结构的全部细节，再填充表中的数据；二是利用"数据库向导"创建一个数据库时，包括所有的表、窗体等对象；三是使用"表向导"，并从各种预先定义好的表中选择字段；四是将数据直接输入到空白的数据表中，让 Access 2003 分析数据并自动为每一字段指定适当的数据类型及格式。

3.3.1 使用"表向导"创建表

这种方法只需从系统提供的一些标准表中做出选择即可，具体操作步骤如下：

（1）在"数据库"窗口中选择"表"对象，然后双击"使用向导创建表"选项，弹出如图 3.7 所示的对话框。用户可以在其中选择合适的"示例表"中的"示例字段"添加到新表中，并可以重命名新添加的字段。

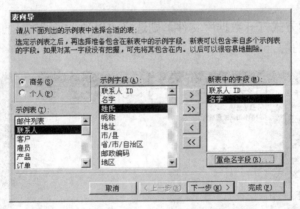

图 3.7　使用向导创建表

（2）单击"下一步"按钮，系统要求为新表指定一个名称，而且还可以选择是否需要用向导来创建表的主键，如图 3.8 所示。

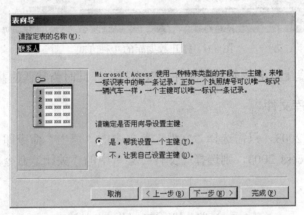

图 3.8　指定表的名称

（3）单击"下一步"按钮，"表向导"会提示是否创建表间关系，如图 3.9 所示。如果需要创建表间关系，单击"关系"按钮具体设置。

（4）单击"下一步"按钮，选择在"表向导"完成后的动作，单击"完成"按钮即可。

3.3.2 使用"设计"视图创建表

Access 2003 提供两种表的视图方式："设计"视图和"数据表"视图。"设计"视图允许以自定义方式创建表以及修改表的结构；"数据表"视图允许读者添加、编辑和浏览表中数据。

两者可以互相切换。利用表"设计"视图创建表，要事先设计出这个表的结构。下面介绍利用"设计"视图创建表的具体操作步骤。

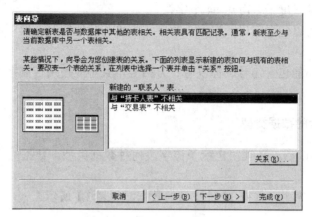

图 3.9　创建表间关系

（1）切换到数据库窗口。

（2）单击"表"对象，再双击"使用设计器创建表"选项，打开如图 3.10 所示的"设计"视图。

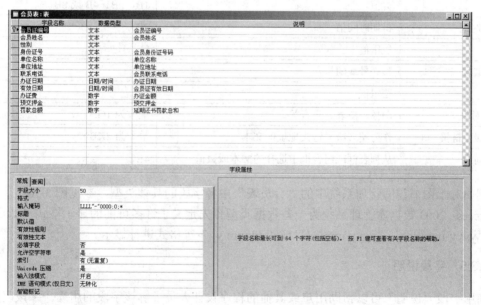

图 3.10　用"设计"视图创建表

（3）逐个定义表中的每个字段，包括名称、数据类型和说明。

（4）输入已定义的每个字段的其他属性，如"格式"、"输入掩码"等。

（5）保存所做结果即可。

3.3.3　建立和命名字段

字段是表的基本存储单元，为字段命名可以方便使用和识别字段。字段名称在表中应是唯一，且便于理解。

在 Access 2003 中，字段命名应遵循如下的规则：

（1）字段名称的长度最多可达 64 个字符。

（2）字段名称可以包含字母、汉字、数字、空格和其他字符，但不能将空格作为第一个字符。

（3）字段名称不能包含句号、惊叹号、方括号，且不能使用控制字符（ASCII 值 0～31 的字符）。

3.3.4　指定字段的数据类型

命名了字段名称以后，必须决定赋予该字段何种数据类型。数据类型决定了该字段能存储什么样的数据。

Access 2003 数据库中一共有 10 种类型的数据，如表 3.1 所示。

表 3.1　字 段 的 数 据 类 型

数据类型	可存储的数据	大　小
文本	文字、数字型字符	最多存储 255 个字符
备注	文字、数字型字符	最多存储 65535 个字符
数字	数值	1B、2B、4B 或 8B
日期/时间	日期时间值	8B
货币	货币值	8B
自动编号	顺序号或随机数	4B
是/否	逻辑值	1B
OLE 对象	图像、图表、声音等	最大为 1GB
超（级）链接	作为超（级）链接地址的文本	最大为 2KB×3
查阅向导	从列表框或组合框中选择的文本或数值	4B

例如对于图书借阅管理系统中的"会员表"中各字段的具体类型，参见图 3.10。

Access 2003 数据库管理系统为一些数据类型预先定义了许多可能的显示格式，如日期可以用"yyyy-mm-dd"、"yyyy/mm/dd"或"dd/mm/yy"等格式进行显示。

3.3.5　字段说明

使用字段"说明"可以帮助用户或其他的程序设计人员了解该字段的用途。字段"说明"可以不输入。

3.3.6　字段属性的设置

在为字段定义了名称、数据类型及说明以后，用户经常还希望规定字段的其他特性（如字段大小、显示格式等），这时就会用到字段的属性。不同类型的字段所拥有的字段属性各不相同。Access 2003 在字段属性区域中设置了"常规"和"查阅"两个选项卡。

表 3.2 中列出了 Access 2003 中常见的字段属性。

表 3.2　字　段　属　性

属　　性	用　　途
字段大小	定义文本、数字或自动编号数据类型字段长度
格式	定义数据的显示格式和打印格式
输入掩码	定义数据的输入格式
小数位数	定义数值的小数位数
标题	在数据表视图、窗体和报表中替换字段名
默认值	定义字段的缺省值
有效性规则	定义字段的校验规则
有效性文本	当输入或修改的数据没有通过字段的有效性规则时，所要显示的信息
必填字段	确定数据是否必须被输入到字段中
允许空字符串	定义文本、备注和超（级）链接数据类型字段是否允许输入零长度字符串
索引	定义是否建立单一字段索引
新值	定义自动编号数据类型字段的数值递增方式
输入法模式	定义焦点移至字段时是否开启输入法
Unicode 压缩	定义是否允许对文本、备注和超（级）链接数据类型字段进行 Unicode 压缩

下面介绍常用的两种属性：

（1）输入掩码：用于定义数据的输入格式以及输入数据的某一位上允许输入的数据类型。Access 2003 允许为除了"备注"、"OLE 对象"和"自动编号"数据类型之外的任何数据类型字段定义"输入掩码"属性。

"输入掩码"属性最多可以由三部分组成，各部分之间要用分号分隔。第一部分定义数据的输入格式。第二部分定义是否按显示方式在表中存储数据。若设置为 0，则按显示方式存储。若设置为"1"或将第二部分空缺，则只存储输入的数据。第三部分定义一个占位符以显示数据输入的位置。用户可以定义一个单一字符作为占位符，缺省占位符是一个下划线。

例如，"会员表"中的"会员证编号"输入时必须要求由 9 个字符组成，其中前 4 个字符为字母，第 5 位为横线，后四位为数字，则输入掩码属性设为：LLLL"-"0000;0;*。其中在"输入掩码"属性中任何位置使用双引号括起来的文本原文输出，第一部分的字母 L 表示必须的字母占位符，数字 0 表示必须的数字占位符。第二部分的数字 0 表示按显示方式存储，星号表示用"*"显示数据输入的位置。有效的输入掩码字符详见 Access 2003 帮助。

（2）"有效性规则"和"有效性文本"："有效性规则"属性允许用户输入一个表达式来限定被接受进入字段的值。"有效性文本"属性允许用户输入一段提示文字，当输入的数据没有通过设定的有效性规则时，Access 2003 自动弹出一个提示框显示该段提示文字。两者配合使用。例如，"会员表"中的办证日期不能大于当前日期，这时在"办证日期"字段的"有效性规则"属性中设置"<=Date()"，而在"有效性文本"属性中输入"办证日期不能大于当前日期"，如图 3.11 所示。

如图 3.12 和图 3.13 所示，分别是"会员表"中"会员证编号"字段的"常规"属性和"性别"字段的"查阅"属性。

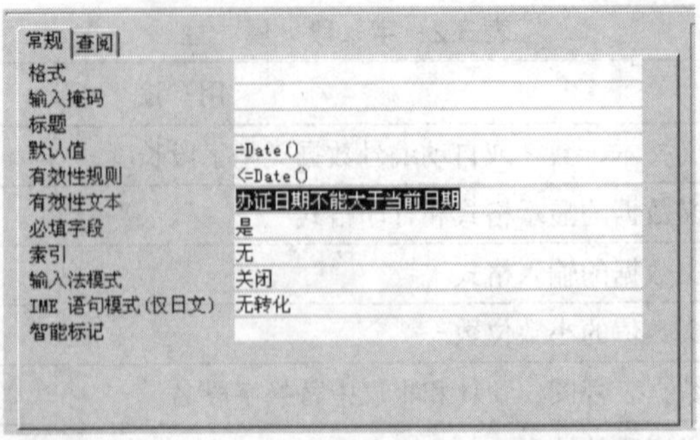

图 3.11   "办证日期" 字段的 "常规" 属性

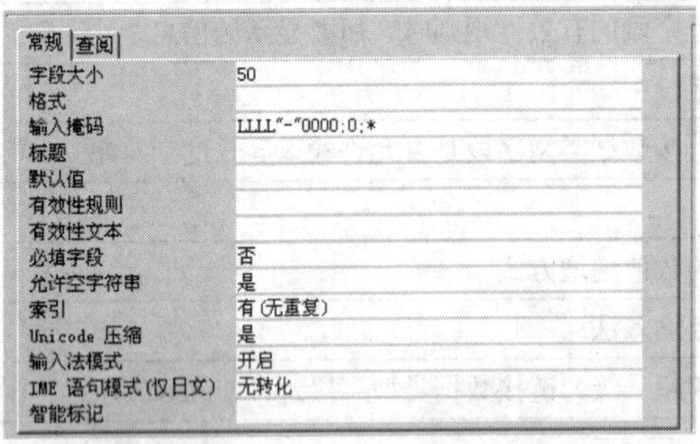

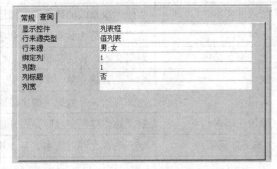

图 3.12   "会员证编号" 字段的 "常规" 属性　　　图 3.13   "性别" 字段的 "查阅" 属性

字段的属性只适用于特定的字段，而 Access 2003 表的属性则适用于整个表。表的属性的具体设置方法如下：

（1）在表的 "设计" 视图状态下，选择 "视图" 菜单中的 "属性" 命令。

（2）弹出如图 3.14 所示的 "表属性" 窗体。

在此窗体中可进行表的属性的详细设置。

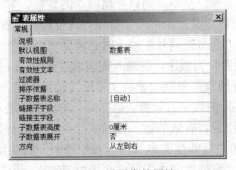

图 3.14   设置表的属性

3.3.7 定义主关键字

在 Access 2003 中，最好为创建的每一个表定义一个主键。主键可以由一个或多个字段组成，用于标识表中的每一条记录。作为主键的字段，其值是唯一的。

下面以定义 "会员表" 的主键为例说明定义主键的具体操作步骤：

（1）在 "设计" 视图中打开 "会员表"。

（2）选中"会员证编号"字段，单击鼠标右键，在弹出的快捷菜单中选择"主键"命令即可。

设置主关键字后，该字段左边将出现一个小钥匙图标，如图 3.15 所示。

会员表：表			
字段名称	数据类型		说明
会员证编号	文本	会员证编号	
会员姓名	文本	会员姓名	
性别	文本		
身份证号	文本	会员身份证号码	

图 3.15　定义主键

对于设置为主关键字的字段，Access 2003 自动为其添加索引，并且是"无重复"类型的，以加快记录的搜索和排序速度。另外，在表中建立主键有利于建立一对多的表间关系。

3.3.8　为需要的字段建立索引

在 Access 2003 数据库中，如果要快速地对数据表中的记录进行查找或排序，最好建立索引。索引像在书中使用目录来查找内容一样方便，可以基于单个字段创建索引，也可以基于多个字段来创建索引。"备注"、"超链接"和"OLE 对象"等数据类型的字段不能设置索引。

1. 创建单字段索引

创建单字段索引的具体操作步骤如下：

（1）在"设计"视图中打开表。

（2）在窗口上部，单击要为其创建索引的字段。

（3）在窗口下部，在"索引"文本框中单击，然后单击右侧的下拉按钮，在弹出的下拉列表中选择"有（有重复）"或"有（无重复）"选项。例如，在"会员表"中的"会员姓名"字段上创建一个有重复的索引，如图 3.16 所示。

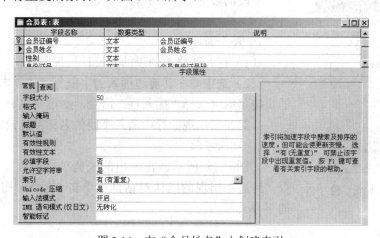

图 3.16　在"会员姓名"上创建索引

2. 创建多字段索引

如果经常需要同时搜索或排序两个或更多个字段，可以为该字段组合创建索引。例如，如果经常在同一个查询中对"借还书表"中的"会员证编号"和"图书编号"字段设置条件，就应该在这两个字段上创建多字段索引。具体步骤如下：

（1）在"设计"视图中打开表。

（2）单击"表设计"工具栏上的"索引"按钮。

（3）弹出相应的索引窗体，在"索引名称"列的第一个空白行，输入索引名称。可以使用索引字段的名称之一来命名索引，或使用其他合适的名称。

（4）在"字段名称"列中，单击箭头，选择索引的第一个字段。

（5）在"字段名称"列的下一行，选择索引的第二个字段（使该行的"索引名称"列为空）。重复该步骤直到选择了应包含在索引中的所有字段为止，如图 3.17 所示。

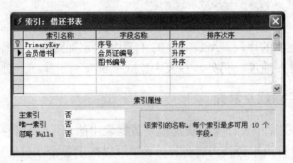

图 3.17　创建多字段索引

在使用多字段索引排序表时，Access 2003 将首先使用定义在索引中的第一个字段进行排序。如果在第一个字段中出现有重复值的记录，则 Access 2003 会用索引中定义的第二个字段进行排序，以此类推。

3.3.9　更改数据表的结构

创建了新数据表之后，有时需要对数据表做适当的修改，如用户想添加或删除一个字段，更改字段的数据类型和名称等，这些操作均可在"设计"视图中进行。

1．添加新字段

（1）打开要修改的表的"设计"视图。

（2）选中要在其前边插入的字段行，并单击右键，在弹出的快捷菜单中选择"插入行"命令，如图 3.18 所示。

（3）在新出现的行中输入字段的名称并选定字段类型即可。

2．删除字段

如图 3.18 所示，在弹出的快捷菜单中选择"删除行"命令，然后在出现的确认对话框中单击"是"按钮，则删除选定的字段。

图 3.18　添加新字段

 注 意

若删除的字段是一个或多个关系的一部分，则必须先删除关系，才能删除字段。

3．更改字段名称

修改字段名称不会影响字段中的数据，但如果其他数据库对象引用了已修改的字段，则要作相应的修改。更改字段名称的具体操作步骤如下：

（1）打开要修改字段名的数据表，进入"设计"视图。

（2）定位到要修改的字段名。

（3）直接键入新的字段名称，保存即可。

4. 移动字段位置

在"设计"视图中，用鼠标选中要移动的字段所在行，待光标变成朝左上角的箭头时，拖动字段到新的位置即可。

5. 更改字段的数据类型

有些情况下，用户需更改某个字段的数据类型。因为涉及到将一种类型转换成另一种类型，有可能转换失败，造成数据丢失，所以更改数据类型前要先备份数据表。更改数据类型的操作步骤如下：

图 3.19　更改字段数据类型失败

（1）打开相应数据表的"设计"视图。

（2）单击要修改字段的数据类型，并选择新的数据类型。

（3）单击"表设计"工具栏上的"保存"按钮即可。

系统会自动转换数据类型。若数据表中无数据，不会出现错误，但是如果针对已有的数据，则系统无法进行数据转换，会弹出如图 3.19 所示的对话框，提示更改失败。例如，将"借还书表"中的"借还类型"从"文本"类型改为"数字"类型，就会出现上述情况。

提　示

（1）在 Access 2003 中用向导、设计视图是先建表结构后输入数据，也可以通过直接输入数据的方法建立表。

（2）在对字段的操作中，插入字段、删除字段、修改字段名在设计视图和数据表视图中均可进行，但调整现有字段的顺序必须在设计视图中进行。

3.4　使用数据表视图

利用"设计"视图设计好表结构以后，可以通过"数据表"视图随时输入、编辑、浏览记录，还可查找、替换记录以及对记录进行排序和筛选。用户还可以格式化"数据表"视图，使其以特定的格式显示数据。

3.4.1　在"数据表"视图中输入数据

1. 一般数据类型（如"文本"型）字段的输入

下面以"会员表"为例说明一般数据类型字段的输入，具体操作步骤如下：

（1）在数据库窗口中，双击"会员表"或选定"会员表"后，再单击"打开"按钮。

（2）出现"数据表"视图，每一条记录显示在一行中，字段名显示在列头上，若为字段设置了"标题"属性，则"标题"属性内容将替换字段名。

（3）"数据表"视图中最左边一列灰色按钮称为选择按钮，在最后一条记录的选择按钮上有一星号，表示这是一个假设追加记录，如图 3.20 所示。

	会员证编号	会员姓名	性别	身份证号	单位名称	单位地址	联系电话	办证日期	有效日期	办证费
▶ +	AAAA-1111	李秀才	男	411005	翰林院	学府路	88735685	2007-3-17	2008-3-17	10
+	BBBB-2222	百展堂	男	412008	六扇门	阜城门	66852314	2007-3-17	2008-3-17	10
+	CCCC-3333	童湘玉	女	416007	同福客栈	建国门	56678249	2007-3-18	2008-3-18	10
+	dddd-4444	吕大嘴	男	412567	全聚烤鸭店	秀水胡同	88115748	2007-3-18	2008-3-18	10
+	eeee-5555	过芙蓉	女	415006	世都百货	王府井	22848566	2007-3-18	2008-3-18	10
+	ffff-6666	莫晓贝	女	485123	武林盟会	前门大街	34585936	2007-3-18	2008-3-18	5
+	gggg-7777	燕晓六	男	415220	全聚烤鸭店	秀水胡同	56678249	2007-3-18	2008-3-18	10
+	hhhh-8888	祝航双	女	432085	世都百货	王府井	92154212	2007-3-18	2008-3-18	10
+	iiii-9999	邢捕头	男	456488	六扇门	阜城门	84451287	2007-3-18	2008-3-18	10
*								2007-5-25	2008-5-25	10

图 3.20　假设追加记录

（4）将插入点置于追加记录中的"会员证编号"字段中，该记录上的星号会变为选定记录符号三角形，在网格中直接输入"会员证编号"、"会员姓名"、"身份证号"、"性别"、"联系电话"等，如图 3.21 所示。

	会员证编号	会员姓名	性别	身份证号	单位名称	单位地址	联系电话	办证日期	有效日期	办证费
+	AAAA-1111	李秀才	男	411005	翰林院	学府路	88735685	2007-3-17	2008-3-17	
+	BBBB-2222	百展堂	男	412008	六扇门	阜城门	66852314	2007-3-17	2008-3-17	
+	CCCC-3333	童湘玉	女	416007	同福客栈	建国门	56678249	2007-3-18	2008-3-18	
+	dddd-4444	吕大嘴	男	412567	全聚烤鸭店	秀水胡同	88115748	2007-3-18	2008-3-18	
+	eeee-5555	过芙蓉	女	415006	世都百货	王府井	22848566	2007-3-18	2008-3-18	
+	ffff-6666	莫晓贝	女	485123	武林盟会	前门大街	34585936	2007-3-18	2008-3-18	
+	gggg-7777	燕晓六	男	415220	全聚烤鸭店	秀水胡同	56678249	2007-3-18	2008-3-18	
+	hhhh-8888	祝航双	女	432085	世都百货	王府井	92154212	2007-3-18	2008-3-18	
+	iiii-9999	邢捕头	男	456488	六扇门	阜城门	84451287	2007-3-18	2008-3-18	
▶	*■**-****							2007-5-25	2008-5-25	

图 3.21　输入多条记录

其中"会员证编号"因设置了"输入掩码"属性，则输入时会出现掩码提示，而"办证日期"和"有效日期"因设置了默认值，所以显示日期，可以根据需要更改。如此重复，直至输入多条记录。

但对于具有"OLE 对象"型、"备注"型、"超链接"型数据类型的字段，又如何向字段中输入数据呢？下面分别加以介绍。

2. "OLE 对象"型数据的输入

下面以输入罗斯文示例数据库中"类别"表的"图片"字段为例，介绍"OLE 对象"型数据的输入方法。

（1）移动光标到"图片"字段，网格出现一个虚线框表明该字段已选中。

（2）单击"插入"菜单中的"对象"命令。

（3）在弹出的如图 3.22 所示的对话框中，可以"新建"对象或"由文件创建"。

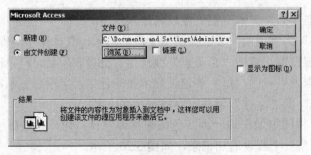

图 3.22　插入 OLE 对象

本例是选择硬盘上的一张照片，因此选中"由文件创建"单选按钮，单击"浏览"按钮，弹出"浏览"对话框，选择一幅图片后单击"确定"按钮即可。

（4）单击"确定"按钮，关闭插入对象对话框，选中的图片就插入到"图片"的字段中，而在窗体中可显示其图片的内容。

3.　"超链接"型数据的输入

下面以输入联系人管理示例数据库中"联系人表"中的"电子邮件地址"为例介绍输入方法。

（1）在"联系人表"的"数据表"视图中定位到"电子邮件地址"字段。

（2）单击"插入"菜单中的"超链接"，打开"插入超链接"对话框参见图 3.23。

（3）选择左边"链接到："框中的"电子邮件地址"，在右边的"电子邮件地址"文本框中输入 linqing_71@163.net 后，"要显示的文字"文本框中也显示"mailto：linqing_71@163.net"，删除"mailto："，如图 3.23 所示。

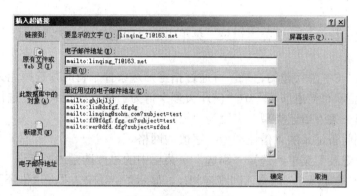

图 3.23　插入超链接

（4）单击"确定"按钮，关闭"插入超链接"对话框即可。

此后单击"电子邮件地址"字段中的文字将启动默认的收发电子邮件软件。

4.　"备注"型数据的输入

对于"备注"型数据，应其需要输入的内容较多，故在窗体中输入更适合。

3.4.2　数据表视图的操作和格式

"数据表"视图的操作和格式可通过各种菜单命令实现，从而使得对数据的维护工作变得更方便和简捷。

1.　调整字段宽度

将鼠标光标停在两个字段的分界线上，待其变为左右拉伸形状时，拖动分界线调整到所需宽度。

2.　隐藏列

隐藏列的操作步骤如下：

（1）选中要隐藏的字段（按 Shift 键选多个），单击"格式"菜单中的"隐藏列"命令即可。

（2）若要取消隐藏的字段，单击"格式"菜单中的"取消隐藏列"命令，弹出如图 3.24 所示的对话框，选中一列，则相应字段显示。

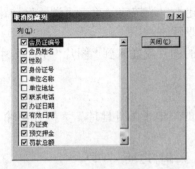

图 3.24　撤消隐藏列

3. 冻结列

若数据表中的字段太多，为了在滚动字段时总能看到某些列，可将这些列冻结。例如，滚动中总显示"会员表"中的"会员证编号"，可通过如下步骤实现：选中"会员证编号"列，单击"格式"菜单中的"冻结列"命令。

若要取消对列的冻结，则选择"格式"菜单中的"取消对所有列的冻结"命令即可。

4. 记录的排序

若要对表中数据以特定方式观察，可对记录排序。例如，将"会员表"中数据按"罚款总额"从低到高显示。具体操作方法如下：

（1）选中"罚款总额"字段，单击"记录"菜单中"排序"命令，在子菜单中选"升序排序"命令即可。

（2）若要取消排序，则选择"记录"菜单中的"取消筛选/排序"命令。

5. 记录的筛选

若要显示数据表中感兴趣的记录，可通过指定筛选条件来暂时筛选掉无关记录。

例如，为了显示"借还书表"中"借还类型"值为"还"的记录，可进行如下操作：

（1）单击第一条"借还类型"字段为"还"的记录。

（2）定位到此条记录的"借还类型"字段的网格。

（3）单击"记录"菜单，选择"筛选"子菜单中的"按选定内容筛选"命令。

若选择"内容排除筛选"命令，则刚好相反，显示"借还书表"中"借还类型"值为"还"的记录。

如果要指定更复杂的筛选条件，则可选择"筛选"子菜单中的"高级筛选/排序"命令或创建一个查询（参见第 4 章相关内容），这里不再详述。

6. 改变数据字体

为了界面更加漂亮，我们可以为表设定自己喜欢的字体。具体方法如下：

（1）在"数据表"视图中打开所需要的表。

（2）选择"格式"菜单中的"字体"命令，系统弹出"字体"对话框，如图 3.25 所示。

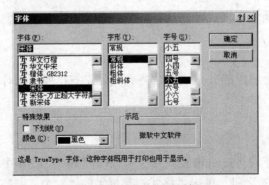

图 3.25　"字体"对话框

（3）用户可设置字体、字形、字号、特殊效果等。

（4）单击"确定"按钮即可。

3.5 数 据 表 的 关 联

数据表的关联是指在两个数据表中相同域上的属性（字段）之间建立的一对一、一对多或多对多的联系。基于数据表关联，用户可以创建能够同时显示多个数据表中的数据的查询、窗体及报表等。

3.5.1 表之间的关系类型

指定表间的关系是非常重要的，它告诉了 Access 2003 如何从两张表或多张表的字段中查找和显示数据记录。通常一旦两个表使用了共同的字段，就应该为这两个表建立一个关系，通过表之间的关系就可以指出一个表中的数据与另一个表中数据的关联方式。表之间的关系有 4种可能，如表 3.3 所示。

表 3.3 表 之 间 的 关 系

类　型	描　述
一对一	一个表中的每个记录只与第二个表中的一个记录匹配
一对多	一个表中的每个记录与第二个表中的一个或多个记录匹配，但第二个表中的每个记录只能与第一个表中的一个记录匹配
多对一	一个表中的多个记录与第二个表中的一个记录匹配
多对多	一个表中的每个记录与第二个表中的多个记录匹配，反之亦然

3.5.2 定义表间关系

下面以"会员表"和"借还书表"为例，介绍定义表间关系的具体操作步骤：

（1）切换到数据库窗体。选择"工具"菜单中的"关系"命令。

（2）若数据库中没定义任何关系，将会自动显示"显示表"对话框，如图 3.26 所示。

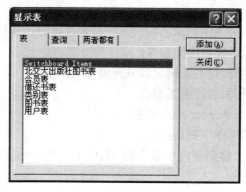

图 3.26 "显示表"对话框

（3）在对话框中分别选择"会员表"和"借还书表"并单击"添加"按钮将其添加到"关系"窗口中。

（4）表中的主键以粗体文本显示，用鼠标选中某个数据表中要建立关联的一个或多个字段（按住 Ctrl 键的同时进行加选）拖动到另一个相关表中的相关字段上。相关字段的名称可以不同，但它们的数据类型必须相同。

（5）拖动字段后，系统就会显示一个"编辑关系"对话框，如图 3.27 所示，检查字段名称的正确性，若需要还可以设置"联接类型"选项（将在下一节中讲解）。

（6）单击"创建"按钮，完成关联操作，如图 3.28 所示。

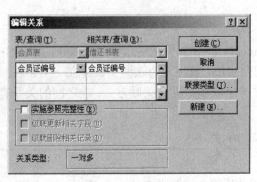 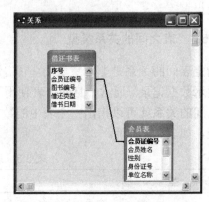

图 3.27   "编辑关系"对话框   图 3.28   表与表之间的关系

若关联的表有多个，重复以上步骤 3 到步骤 5。关闭"关系"窗口，将用户创建的关系保存在数据库中了。

3.5.3 编辑关系

对已有关系进行编辑的操作步骤如下：

（1）切换到数据库窗体。

（2）单击"数据库"工具栏中的"关系"按钮，出现前面图 3.28 所示的"关系"窗口。

（3）双击要编辑关系的关系连线，系统出现"编辑关系"对话框。

在"编辑关系"对话框中，可进行两项内容的修改。

1. 设置参照完整性

参照完整性用来确保相关表中记录之间关系的有效性，防止意外地删除或更改相关数据。符合下列条件的两表才可以设置参照完整性：

（1）来自主表的匹配字段是主关键字或具有唯一的索引。

（2）相关的字段都有相同的数据类型。

（3）两表应属于同一个 Access 2003 数据库。

实行参照完整性，必须遵守下列规则：

（1）在相关表的外部关键字字段中除空值（NULL）外，不能有主表主关键字段中不存在的数据。

（2）如果在相关表中存在匹配的记录，不能只删除主表中的这个记录。

（3）如果某个记录有相关的记录，则不能在主表中更改主关键字。

在"编辑关系"对话框中，勾选"实施参照完整性"复选框，即可实施这些规则。这时，"会员表"和"借还书表"之间将会出现一条连线，而且"会员表"一端用"1"标记，在"借还书表"一端用"∞"标记，表示"一对多"关系中的"一"方和"多"方。若出现了破坏"参照完整性"规则的操作，系统自动出现禁止提示。用户还可根据数据关联要求，勾选或取消勾选"级联更新相关字段"和"级联删除相关记录"两个复选框，使得更改主表中主键的同时更新相关表的相关记录，以及删除主表中的记录将删除任何相关表中的相关记录。

例如，删除"会员表"中的"会员证编号"为"AAAA-1111"的会员，则"借还书表"中"会员证编号"为"AAAA-1111"的会员的所有借书记录也将被删除。

2. 设置联接类型

在"编辑关系"对话框中单击"联接类型"按钮，系统出现"联接属性"对话框，如图3.29 所示，该对话框中共有以下三种选项。

图 3.29　"联接属性"对话框

（1）只包含来自两个表的联接字段相等的行，即"自然连接"。

（2）包括"会员表"中所有记录和"借还书表"中联接字段相等的记录，即"左连接"。

（3）包括"借还书表"中所有记录和"会员表"中联接字段相等的记录，即"右连接"。用户可根据需要选择相应选项。

3.5.4　删除关系

删除关系的操作步骤如下：

（1）切换到数据库窗体。

（2）单击"数据库"工具栏上的"关系"按钮，出现了数据表"关系"窗口。

（3）单击要删除关系的关系连线，然后按 Delete 键。

（4）在弹出的提示对话框中单击"是"按钮即可完成删除。

3.5.5　查看关系

若要查看数据库中已建好的关系，可按如下步骤进行操作。

（1）切换到数据库窗体。

（2）单击"数据库"工具栏上的"关系"按钮，系统出现"关系"窗口。

（3）若要查看在数据库中已经定义的所有关系，可单击"关系"工具栏上的"显示所有关系"按钮。如果要查看特定表的关系，可以单击相应的表，然后再单击"关系"工具栏上的"显示直接关系"按钮。

习　　题

1. Access 2003 中创建表的方法有哪几种？

2．参照完整性的规则是什么？何时使用？

3．在设计数据表时，应该按哪些原则对信息进行分类？

4．如何定义数据表之间的关系？请举例说明。

5．在"数据表视图"中，记录的排序和筛选各有什么作用？

6．举例说明定义字段时如何选择数据类型。

7．举例说明字段的输入掩码属性的意义，有效性规则属性和有效性文本属性的使用方法。

8．举例说明在什么情况下应考虑对字段设置索引。

第4章 数　据　查　询

本章简介

数据库的优点之一是具有强大的查询功能，使用户能够在海量数据中方便、快捷地挑选出所需的数据。本章主要介绍了查询的概念、目的和种类，以及如何利用向导建立各种查询，并详细介绍了使用设计视图设计各种查询（包括选择查询、交叉表查询、参数查询、操作查询）的方法，以及如何进行查询的保存与运行。

重点

- ◆　查询的种类和作用
- ◆　建立查询的方法
- ◆　使用查询设计器创建查询
- ◆　查询的执行

难点

- ◆　查询设计器的使用
- ◆　多表查询的设计

4.1　查询的概念和目的

表是数据库中用来存储数据的对象。当用户需要查找所需的数据时，可以通过"数据表"视图对数据完成一系列的检索操作，但是这样效率非常低下，而且不便于查找，于是"查询"便成了解决这一问题的有效手段。

4.1.1　查询的概念

查询是对数据源进行一系列检索的操作。这可以从表中按照一定的规则取出特定的信息，在取出数据的同时可以对数据完成统计、分类和计算的功能，然后按照用户的要求对数据进行排序并加以表现。

查询的结果不仅可以作为窗体、报表和数据访问页的数据来源，而且也可以作为新数据表或另外一个查询的数据来源。

4.1.2　查询的目的

查询是数据库中的一种对象，目的是让用户根据限定的条件对表或者查询进行检索，筛选出符合条件的记录，构成一个新的数据集合。这样方便用户对数据进行查看、更改和分析，而查询是针对数据源的操作命令，其运行结果是一个"动态"的数据集合，虽然从查询的运行视图上看到的数据集合形式与从"数据表"视图上看到的数据集合形式完全一样，但无论它们在形式上是多么的相似，其实质是完全不同的。

以后的章节中将讲到窗体和报表，它们的数据源主要来源于查询所产生的结果。

窗体可以为用户提供一个使用查询的界面，把对数据库查询的结果加以合理的安排，并按一定的方式加以表现。

报表的数据来源也主要是查询，报表主要是对查询的结果数据进行统计分析并进行布局控制，添加控件。

Access 2003 的查询对象主要应用可视化工具来实现关系数据库查询操作，而且可以使用这个工具生成合适的 SQL 语句，直接将其粘贴到需要该语句的程序代码或模块中。

4.1.3　查询的种类

在 Access 2003 中，查询可以根据其对数据源操作和结果的不同分为 5 大类：选择查询、交叉表查询、操作查询、参数查询、SQL 查询。

（1）选择查询：选择查询是最常见的一种查询类型，它从一个或多个表、查询中检索数据，并且在可以更新记录（一定的限制条件下）的数据表中显示结果，也可以使用选择查询来对记录进行分组，并且对记录作总计、计数、平均值以及其他类型的总和计算。

（2）交叉表查询：使用交叉表查询可以计算并重新组织数据的结构，这样可以更加方便地分析数据。交叉表查询计算数据的总计、平均值、计数或其他类型的总和，这种数据可分为两组信息，一组在数据表左侧排列，另一组在数据表的顶端。数据表行和列的交叉处显示该字段的计算结果。

（3）操作查询：操作查询是这样一种查询，使用这种查询只需进行一次操作就可以对许多记录进行更改和移动。它包括删除查询、更新查询、追加查询和生成表查询 4 种查询。

（4）参数查询：参数查询是在执行时显示自己的对话框以提示用户输入信息，检索要插入到字段中的记录或值。可以设计此类查询来提示更多的内容，例如，可以设计它来提示输入两个日期，然后 Access 2003 检索在这两个日期之间的所有记录。参数查询不是一种独立的查询，它扩大了其他查询的灵活性。

（5）SQL 查询：SQL 查询是用户使用 SQL 语句创建的查询。可以用结构化查询语言 SQL来查询、更新和管理 Access 2003 这样的关系数据库。

SQL 查询通常应用的场合有联合查询、传递查询、数据定义查询和子查询。

实际上 Access 2003 的各种查询都可以通过 SQL 查询实现,但是通常只有这几种特殊查询才使用 SQL 查询。

 提示

　　选择查询的基础可以是单表、多表，也可以在查询的基础上建立查询；而交叉表查询的数据源只能是一张表或一个查询，故若想从多表中建立交叉表查询，则必须先建立所需字段的查询，然后在此基础上建立交叉表查询；操作查询只能更改和复制用户的数据，却不能返回结果；参数查询则可以提高查询的通用性。

4.2 建 立 查 询 的 方 式

在 Access 2003 中可以通过两种方法创建查询：一是通过"向导"来创建查询；二是通过查询的"设计"视图来创建查询。使用"向导"可以创建简单的选择查询、交叉表查询、在表中查找重复的记录或字段值查询以及查找表之间不匹配的记录查询。

1. 简单查询向导

利用"简单查询向导"可快速创建一个简单而实用的查询，并且可以在一张或多张表或查询中指定检索字段中的数据，还可对所查询的结果记录做总计、平均值的计算，以及求计算字段的最大值或最小值。

利用"简单查询向导"创建查询的操作步骤如下：

（1）打开要创建查询的数据库文件。

（2）在"数据库"窗口中，单击"对象"列表中的"查询"对象，然后单击"数据库"窗口工具栏上的"新建"按钮，出现如图 4.1 所示的对话框。

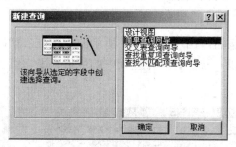

图 4.1 "新建查询"对话框

（3）在"新建查询"对话框中选择"简单查询向导"选项，然后单击"确定"按钮，进入"简单查询向导"对话框，如图 4.2 所示。从图中的"表/查询"下拉列表中选择查询所需要的表。

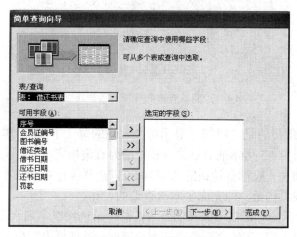

图 4.2 "简单查询向导"对话框（一）

（4）选中表后，在"可用字段"列表中会出现该表中所有的字段。从中选定要查询的字段，然后单击对话框中的"＞"按钮，将它们依次移入"选定的字段"列表中。如果要从多张表或查询中查询，可以在"表/查询"下拉列表中选择别的表或查询，然后从中选择要查询的字段，直到"选定的字段"列表中列出了所有要查询的字段，如图 4.3 所示。

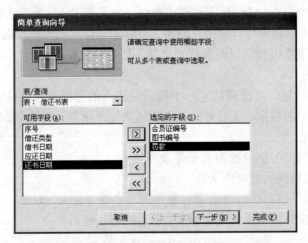

图 4.3　选定要查询的字段

（5）单击"下一步"按钮，出现如图 4.4 所示的对话框，默认为选中"明细（显示每个记录的每个字段）"单选按钮，若需要统计查询中的最值、平均值等数据，可选中"汇总"单选按钮。

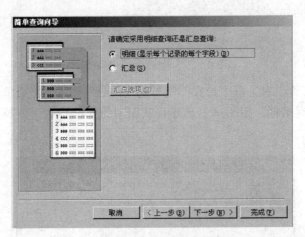

图 4.4　"简单查询向导"对话框（二）

（6）如果上一步选择的是"明细（显示每个记录的每个字段）"单选按钮，则单击"下一步"按钮后将出现如图 4.5 所示的对话框，在"请为查询指定标题"文本框内为该查询取一个名字，以保存该查询（一般都有默认的名字）。可以选择执行查询或在"设计"视图中查看查询结构，单击"完成"按钮，即完成了本次查询的设计。

如果在如图 4.4 所示的对话框中选择的是"汇总"单选按钮，那么需要单击"汇总选项"按钮，此时会弹出如图 4.6 所示的"汇总选项"对话框，对话框中列出了当前所设计查询中的所有可以统计数字的字段，从中可选择一种或多种统计方式。

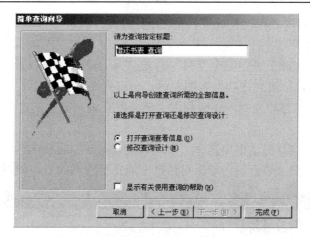

图 4.5 "简单查询向导"对话框(三)

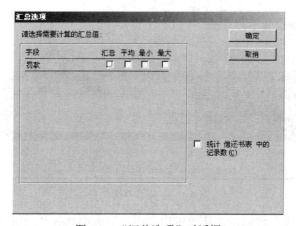

图 4.6 "汇总选项"对话框

(7)单击"汇总选项"对话框中的"确定"按钮,回到"简单查询向导"对话框,如图 4.7 所示,接下来的步骤与步骤(6)一样。

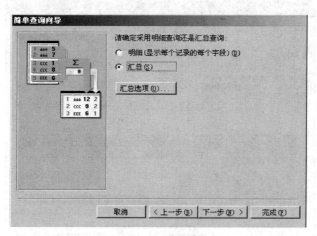

图 4.7 "简单查询向导"对话框(四)

完成"简单查询向导"中的操作后,屏幕上将显示查询的结果。一旦建立好了查询,就可以在"数据库"窗口的"查询"对象列表框中打开此查询进行查看。

2. 交叉表查询向导

交叉表查询显示来源于表中某个字段的总结值(合计、计算以及平均值等),并将它们分组放置在查询表中,一组列在数据表的左侧,一组列在数据表的上部。下面以统计会员延期还书还款额的明细和总和为例,介绍利用"交叉表查询向导"创建查询的方法,具体操作步骤如下:

(1)在"新建查询"对话框中选择"交叉表查询向导"选项,然后单击"确定"按钮。

(2)在出现的"交叉表查询向导"对话框中选择要查询的表,如图 4.8 所示。

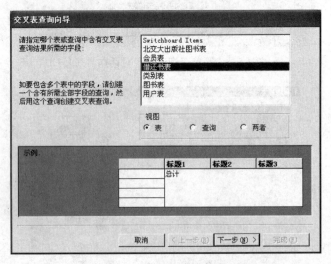

图 4.8   选择要查询的表

(3)单击"下一步"按钮后,从"可用字段"列表中选择其值可作为行标题的字段。一旦完成了上述操作,所选字段就会出现在下方的交叉表预览窗口中,由 Access 2003 自动分配一个编号,由此所选定的字段将显示在交叉表的左侧,如图 4.9 所示。

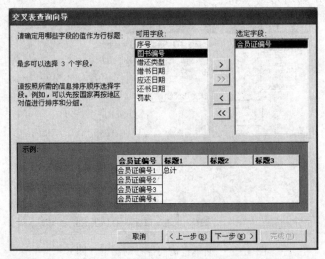

图 4.9   选定交叉表中行标题字段

（4）单击"下一步"按钮后，从列表中选择字段，它的值将作为交叉表的列标题。一旦选定了它，"交叉表查询向导"对话框下半部的交叉表预览窗口就会显示它，也会被自动分配一个编号，如图 4.10 所示。

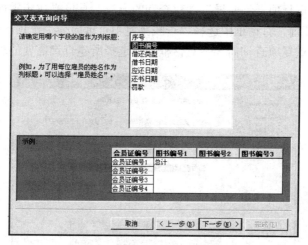

图 4.10　选定交叉表中列标题字段

（5）单击"下一步"按钮后，从"字段"列表框中选择交叉表中交叉单元格所要计算的字段，然后还可在"字段"列表框右侧的"函数"列表框中选择计算方式，如图 4.11 所示。

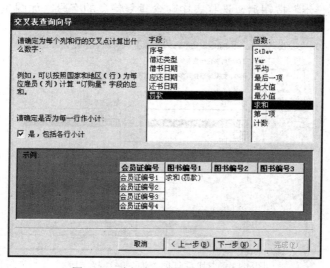

图 4.11　选择交叉单元格的计算字段

（6）在最后一个对话框中，可以选择执行查询或在"设计"视图中查看查询的设计，单击"完成"按钮即可。

 提 示

交叉表查询可以用一种更紧凑的类似电子表格的形式显示数据，实质是以水平的行和垂直的列综合起来对记录进行分组，这样所得到的数据表更简洁，更利于分析。

3. 查找重复项查询向导

使用查询向导在表中查找重复的记录或字段值,可以根据"查找重复项查询向导"查询的结果,确定在表中是否有重复的记录,以及重复的次数。下面以查询会员借书的重复情况为例,介绍利用"查找重复项查询向导"创建查询的方法,具体操作步骤如下。

(1) 在"新建查询"对话框中选择"查找重复项查询向导"选项,然后单击"确定"按钮。在弹出的"查找重复项查询向导"对话框中,选择所建查询需要的表,如图 4.12 所示。

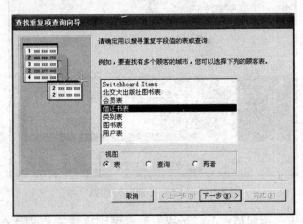

图 4.12　选择表

(2) 单击"下一步"按钮后,选择表中包含重复信息的字段,如图 4.13 所示。

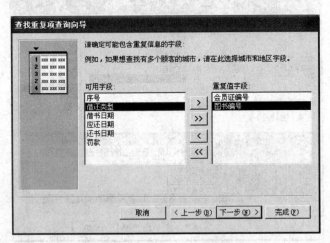

图 4.13　查找重复项查询——选择字段

(3) 单击"下一步"按钮后,选择其他需要显示的字段,如图 4.14 所示。

(4) 在最后一个对话框中,可以选择执行查询或在"设计"视图中查看查询的设计,单击"完成"按钮即可。

这样就完成了查找表中重复的记录或字段值的查询。查询结果中包含了重复的字段值和重复的次数。

4. 查找不匹配项查询向导

使用"查找不匹配项查询向导"可以在与其他表不相关的表中查找记录。操作步骤同"查找重复项查询向导"。不同之处在于向导的第三步确定两张表中相匹配的字段，一般是两张表中建立关联的主键。

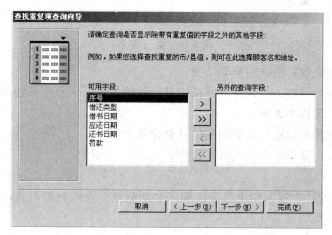

图 4.14 查找重复项查询——选择其他字段

 提 示

在具有一对多关系的两个表中，对于"一"方表中的每条记录，在"多"方表中可以有多条记录与之对应，但也可以没有任何记录与之对应，使用查找表之间的匹配记录就是查找那些在"多"方没有对应记录的"一"方表中的记录。

4.3 查询设计器的使用

除了通过"向导"来创建查询外，还可以使用查询设计器更好地设计查询。下面加以介绍。

4.3.1 "QBE 设计"网格

"QBE 设计"网格简称"设计"网格，是查询"设计"视图或"高级筛选/排序"窗口中设计查询或筛选时所用。查询设计的操作大多数是在此网格中完成，如图 4.15 所示。

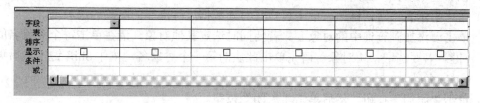

图 4.15 "QBE 设计"网格

下面介绍一些在"设计"网格中可以完成的操作。

1. 在"设计"网格中更改列宽

将光标指向要更改列的列选定器右边界，直至光标变为双向箭头，如图 4.16 所示。

请执行下列操作之一：

（1）若要使列更窄，请向左拖动边界。

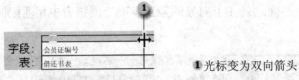

图 4.16　更改列宽

（2）若要使列更宽，请向右拖动边界。

（3）若要将列宽调整为"设计"网格中最合适的宽度，请双击该边界。

2. 在"设计"网格中添加列

（1）单击要在其左边添加新列的列的任意位置。

（2）在"插入"菜单中单击"列"命令。

3. 移动列

在表或查询"设计"视图中更改字段顺序会影响以该表或查询为基础创建的组合框或列表框，如图 4.17 所示。

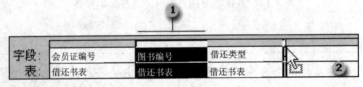

❶选定的列

❷移动过程中光标尾部变为矩形

图 4.17　移动列

4. 在"设计"网格中使用星号

若要将某个表中所有的字段都包含在查询中，可以分别选择每个字段，也可以使用星号"*"通配符，如图 4.18 所示。

5. 在"设计"网格中添加或删除表或查询

（1）添加表或查询。

| 字段：| 借还书表.* |

图 4.18　使用"*"号

1）在"设计"视图中打开查询。

2）在"查询设计"工具栏中，单击"显示表"按钮。

3）在"显示表"对话框中，单击包含要对其数据进行操作的对象的选项卡。

4）单击要添加到查询中的对象名。若要同时选定其他对象，请在单击每个对象名的同时按住 Ctrl 键。若要选取一块对象，请先单击此块的第一个对象名，按住 Shift 键，然后再单击最后一个对象名。

5）单击"添加"按钮，然后单击"关闭"按钮。

（2）删除表或查询。

1）在"设计"视图中打开查询。

2）在查询"设计"视图的上部，在要删除的表或查询的字段列表中，单击任意位置，从而选取表或查询，然后按 Delete 键。

3）从字段列表中拖曳到设计网格的字段也将从查询中删除，但是表或查询并未从数据库中删除。

6. 在设计网格中添加或删除字段

（1）添加字段。

1）从字段列表（列出基础数据源或数据库的其他对象的全部字段的窗口）中将字段拖至设计网格中要插入这些字段的列。

2）也可以不用拖动的方法，而是通过在字段列表中双击字段名来添加字段，或者直接从网格"字段"行的列表框中选择字段。

（2）删除字段。

单击列选择器选定字段，然后按 Delete 键。

注 意

将字段从设计网格中删除后，只是将其从查询或筛选的设计中删除，而不是从基础表中删除了字段及其数据；对于筛选，也并非从筛选结果中删除字段。

7. 在设计网格中插入或删除条件行

（1）若要插入条件行，请单击要显示新行的下面一行，然后单击"插入"菜单中的"行"命令。新行将插入在所单击的行上方。

（2）若要删除条件行，请单击该行的任意位置，然后单击"编辑"菜单中的"删除"命令。

4.3.2 查询准则

准则是为筛选数据记录设定的条件，条件必须是一个合法的关系或逻辑表达式。如果需要给定某种条件来筛选数据记录，就必须要设定准则了。

准则即为条件，所以 Access 2003 中在"设计"网格中有"条件"行出现，供使用者输入条件。可在该字段的"条件"单元格中输入一个表达式。

表达式是运算符、常量、字符串、函数以及字段名、控件名和属性等的任意组合。表达式既可直接输入，也可以利用表达式生成器产生。

在 Access 2003 中可以对相同的字段或不同的字段输入附加的条件。在多个"条件"单元格中输入表达式时，Access 2003 将使用 And 或 Or 运算符进行组合。如果此表达式是在同一行的不同单元格中，Access 2003 将使用 And 运算符，表示只返回满足所有单元格条件的记录。如果表达式是在"设计"网格的多个不同行中，Access 2003 将使用 Or 运算符，表示只要满足任何一个单元格条件的记录都将返回。

下面举例说明用 And 或 Or 运算符组合条件的情况。

（1）一个字段使用 Or 运算符，如图 4.19 所示。

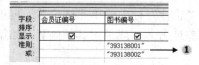 

❶ 条件处在不同行，表示"或"的关系

❷ Access 2003 显示所有满足其中一个条件或两个条件都满足的会员证编号

图 4.19　Or 运算符

（2）一个字段使用 And 运算符，如图 4.20 所示。

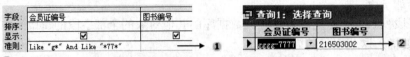

❶ 会员证编号以 g 开始，并包含 77

❷ Access 2003 显示两个条件都满足的会员证编号

图 4.20　And 运算符

（3）三个字段使用 Or 运算符和 And 运算符，如图 4.21 所示。

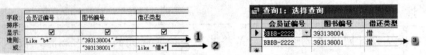

❶ 会员证编号以 b 开始，图书编号是 393138004

❷ 或者图书编号是 393138001 且借还类型是"借"

❸ Access 2003 显示所有满足"设计"网格中第一行或第二行条件的会员证编号

图 4.21　And 和 Or 运算符

在查询中通过添加准则（条件）来控制查询的结果。

4.3.3　在查询中执行计算

在查询中可执行许多类型的计算。例如，可以计算一个字段值的总和或平均值，使两个字段的值相乘，或者计算从当前日期算起三个月后的日期。要在查询中执行计算，可以使用：

（1）预定义计算，即所谓的"总计"计算。用于对查询中的记录组或全部记录进行总和、平均值、计数、最小值、最大值、标准差或方差的计算。

（2）自定义计算。使用一个或多个字段中的数据在每个记录上执行数值、日期和文本计算。对于这类计算，需要直接在设计网格中创建新的计算字段。

在字段中显示计算结果时，结果实际并不存储在基础表中。相反，Access 2003 在每次执行查询时都将重新进行计算，以使计算结果永远都以数据库中最新的数据为准。因此，不能手动更新计算结果。

1.　在查询中对所有记录计算总计

（1）在"设计"视图中创建一个选择查询，并将那些要在计算中用到的记录所在的表添加进来。

（2）添加要对其进行计算的字段，并指定条件。

（3）在"查询设计"工具栏上单击"总计"按钮 Σ 。Access 2003 将在"设计"网格中显示"总计"行。

（4）对设计网格中的每个字段，单击它在"总计"行中的单元格，然后再单击下列聚合函数之一：总计、最小值、最大值、计数、标准差或方差，或单击其他函数，如第一条记录和最后一条记录。

（5）如果需要，请对结果进行排序。

（6）单击工具栏上的"视图"按钮 ，以查看结果。

提 示

聚合函数是一种用来计算总计的函数，如 Sum、Count、Avg 或 Var 等。

2. 在查询中对几组记录计算总计

（1）在"设计"视图中创建一个选择查询，并将那些要在计算中用到的记录所在的表添加进来。

（2）添加要对其进行计算的字段，定义分组，并指定条件。

（3）在工具栏上单击"总计"按钮 Σ。Access 2003 将在"设计"网格中显示"总计"行。

（4）针对要进行分组的字段（一个或多个），在"总计"单元格中保留"分组"关键字。

（5）对要计算的每个字段，先单击它在"总计"行中的单元格，然后单击以下聚合函数之一：总计、最小值、最大值、计数、标准差或方差，或单击其他函数，如第一条记录和最后一条记录。

（6）如果需要，请对结果进行排序。

（7）单击工具栏上的"视图"按钮 ，以查看结果。

 注 意

如果在查询（将对其中的所有记录计算总计）中添加包含一个或多个聚合函数的计算字段，必须将计算字段的"总计"单元格设为"表达式"。

4.3.4 查询的三种视图

查询的视图可分为三种："设计"视图、"数据表"视图、"SQL"视图。

1. 查询的"设计"视图

查询的"设计"视图是用来设计查询的窗口，是查询设计器的图形化表示。

进入查询的"设计"视图的 3 种方法介绍如下：

（1）在"数据库"窗口中，首先单击对象栏的"查询"按钮，然后单击"新建"按钮，进入到"新建查询"对话框，选择"设计视图"选项并单击"确定"按钮即可进入"设计"视图窗口，如图 4.22 所示。

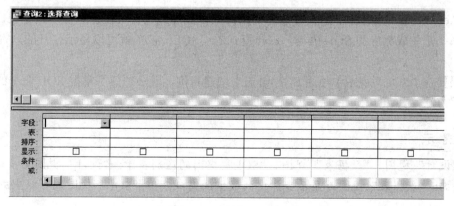

图 4.22 查询设计视图

（2）如果要打开已经建立好的查询的“设计”视图，在“数据库”窗口中，首先单击对象栏的“查询”按钮，然后单击希望打开的查询，再单击“数据库”窗口工具栏上的“设计”按钮。

（3）如果此查询已经打开，则在工具栏上单击“视图”按钮，就可以切换到“设计”视图。

查询的“设计”视图由上下两部分构成：上部分为显示基表或其他查询，下部分为设计网格。前面已经讲述了设计网格的使用。

2. 查询的“数据表”视图

查询的“数据表”视图是以行和列格式显示查询中的数据的窗口，如图 4.23 所示。

会员证编号	图书编号	会员姓名	书名	借还类型	借书日期	应还日期
AAAA-1111	393138003	李秀才	数据库技术及应用	借	2007-3-30	2007-4-3
BBBB-2222	393138004	百展堂	ERP系统原理和实施	借	2007-3-26	2007-4-2
BBBB-2222	393138001	百展堂	局域网一点通	借	2007-3-26	2007-4-2
CCCC-3333	393138006	童湘玉	IP地址管理与子网划分	借	2007-3-26	2007-4-2
dddd-4444	393138007	吕大嘴	C++语言程序设计	借	2007-3-26	2007-4-2
ffff-6666	393138005	莫晓贝	操作系统	借	2007-3-26	2007-4-2
ffff-6666	393138002	莫晓贝	ASP网络程序设计	借	2007-3-30	2007-4-3
gggg-7777	216503002	燕晓六	易中天品三国	借	2007-4-16	2007-5-1
hhhh-8888	393138012	祝妩双	WIN2003服务器配置	借	2007-5-19	2007-6-1
AAAA-1111	378991002	李秀才	细节决定成败	借	2007-5-17	2007-6-1

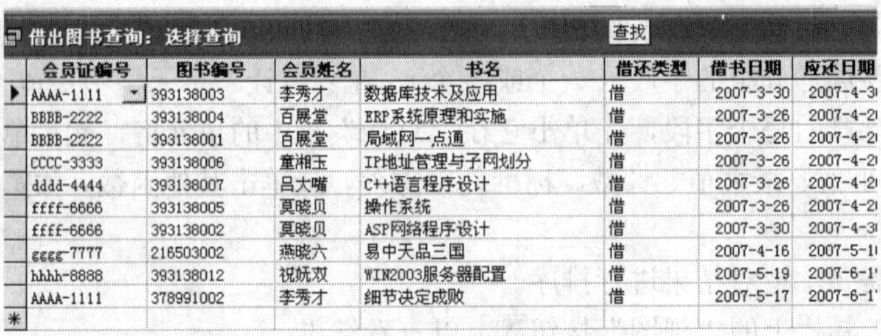

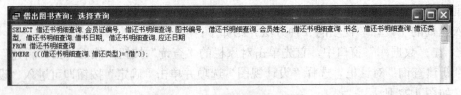

图 4.23　查询的“数据表”视图

如果查询以“设计”视图打开，可在“查询设计”工具栏上单击“视图”按钮切换到“数据表”视图中。

在查询的“数据表”视图中用户既可以对查询内容进行修改，包括修改字段值，添加和删除记录（当然要求查询是可更新的）；也可以对查询进行排序、筛选并查找所需记录，还可以改变视图的显示风格，包括调整列宽、更改行高和单元格显示风格。

3. 查询的“SQL”视图

查询的“SQL”视图是显示打开查询的 SQL 语句的窗口，如图 4.24 所示。

图 4.24　查询的“SQL”视图

在 Access 2003 数据库中绝大多数查询都可以由向导或查询“设计”视图来完成，后台由数据库系统来生成相应的 SQL 语句，这样查询的“SQL”视图就可以显示打开的查询的 SQL 语句了。

如果要在“SQL”视图中使用 SQL 语句来创建查询，就必须熟练掌握 SQL 命令的语法规则及使用方法了。

提 示

“设计”视图、“数据表”视图、“SQL”视图的区别在于：“设计”视图更多地用于设计查询；“数据表”视图是显示查询中的数据的窗口；用“SQL”视图则可以生成 SQL 代码。

4.4 设 计 各 种 查 询

利用向导创建查询快速而且方便，但是利用向导创建的查询很大程度上满足不了人们的需要，可以查询"设计"视图来修改查询。不仅可以在查询"设计"视图中建立像"选择查询"之类的简单查询，也可以创建像"参数查询"和"操作查询"之类的复杂查询。

4.4.1 选择查询设计

使用查询"设计"视图可以建立基于多表的选择查询，还可以对记录做各种类型的总计计算。例如，在"图书借阅管理系统"中，建立一个"在库图书信息"查询，该查询的数据源就是"图书表"。

利用"设计"视图建立选择查询的步骤如下：

（1）在"数据库"窗口中，单击对象栏中的"查询"按钮，然后单击数据库窗口工具栏上的"新建"按钮，打开"新建查询"对话框。

（2）在"新建查询"对话框中选择"设计视图"选项，如图 4.25 所示，然后单击"确定"按钮，打开"显示表"对话框。

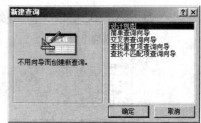

图 4.25 "新建查询"对话框

（3）在"显示表"对话框中，切换到"表"选项卡。若所建立的查询基于其他查询，则切换到"查询"选项卡；如果要建立的查询所基于的对象既有表又有查询，则切换到"两者都有"选项卡。如果没有显示"显示表"对话框，则单击主窗口"查询设计"工具栏中的"显示表"按钮。

（4）双击要添加到查询中的每个对象的名称，即"图书表"，然后单击"关闭"按钮，关闭"显示表"对话框。添加了一个表的查询"设计"视图，如图 4.26 所示。

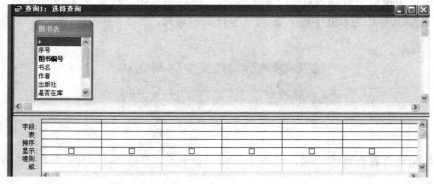

图 4.26 查询"设计"视图

（5）如果查询是基于多个表的查询，则由于原始数据库设计表时已经设计了表之间的关系，因此当向查询中添加表时，这些关系也一并添加。如果没有建立这些表之间的关系，则需要在查询"设计"视图中建立。因为只有建立了表与表之间的连接，Access 2003 才能知道信息是如何联系的。

（6）将"图书编号"字段从"图书表"中拖到设计网格的第一列中，依次拖动所需的所有字段，如图 4.27 所示。

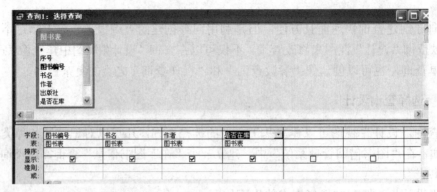

图 4.27　拖动所需的所有字段到设计网格

（7）将"是否在库"字段设置为不显示，条件设置为"True"，如图 4.28 所示。

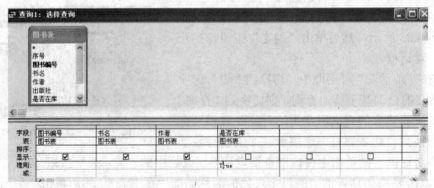

图 4.28　设置一个计算列和一个条件

（8）单击主窗口"查询设计"工具栏上的"保存"按钮，在如图 4.29 所示的"另存为"对话框的"查询名称"文本框中输入新创建的查询的名称，如"在库图书查询"，然后单击"确定"按钮。

图 4.29　"另存为"对话框

（9）如果要查看查询的结果，单击主窗口"查询设计"工具栏上的"视图"按钮或"运行"按钮即可。

提　示

　　如果某些字段仅用于设置查询结果排序顺序或查询条件，而不需要显示出来，则可以取消勾选该字段的"显示"复选框，这样在查询结果中就不会显示该字段，例如图 4.28 中的"是否在库"字段。

4.4.2　交叉表查询设计

交叉表查询显示来源于表中某个字段的总计值（合计、计算以及平均），并将它们分组，一组列在数据表的左侧，一组列在数据表的上部。

可以利用向导或直接利用"设计视图"来创建交叉表查询。例如在"图书借阅管理系统"中，对会员延期还书罚款明细查询就应用到了交叉表查询。步骤如下：

（1）在"新建查询"对话框中选择"设计视图"选项，然后单击"确定"按钮，打开"显示表"对话框。

（2）在"显示表"对话框中，切换到"表"选项卡。本次查询基于一个表——"借还书表"。

（3）双击要添加到查询的每个对象的名字，这里双击"借还书表"，然后单击"关闭"按钮。

（4）在设计网格中将字段添加到"字段"行，这些字段有"会员证编号"字段、"图书编号"字段、"罚款"字段。

（5）在"查询"菜单中选择"交叉表查询"命令，或在"查询设计"工具栏中单击"查询类型"下拉按钮，在下拉列表中选择"交叉表查询"项，此时在步骤（3）中显示的窗口中的标题变为"查询：交叉表查询"，而在设计网格中，出现了"交叉表"行。

（6）如果要将表中字段的值按行显示，应选择"行标题"选项，并且该字段相应地在"总计"行必须保留默认的"分组"值。本例在"会员证编号"列所对应的交叉表行中选择"行标题"作为行标题，这个字段的"总计"行保留默认的"分组"。

（7）如果要将表中字段的值按列显示，应选择"列标题"选项，并且该字段相应地在"总计"行必须保留默认的"分组"值。本例在"图书编号"列所对应的交叉表行中选择"列标题"作为列标题，这个字段的"总计"行保留默认的"分组"。

（8）如果要将表中字段的值显示在交叉点，在"交叉表"行中选择"值"选项，并且相应地在"总计"行中选择需要的合计函数。本例在"罚款"列所对应的交叉表行中选择"值"选项。在交叉表查询中只有一个字段可以设置为"值"，在这个字段的"总计"行上应用交叉表的合计函数"总计"。

（9）增加一个"总计罚款"列作为行标题，用于计算每个会员总的罚款金额。在第一个空白列的"字段"行直接输入"总计罚款：罚款"，在该列所对应的交叉表行中选择"行标题"，相应地在"总计"行中选择"总计"值。设置完成后，查询的"设计"视图窗口如图 4.30 所示。

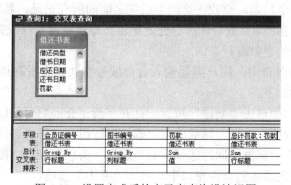

图 4.30　设置完成后的交叉表查询设计视图

（10）如果要查看查询结果，则单击工具栏上的"视图"按钮，结果显示如图 4.31 所示。

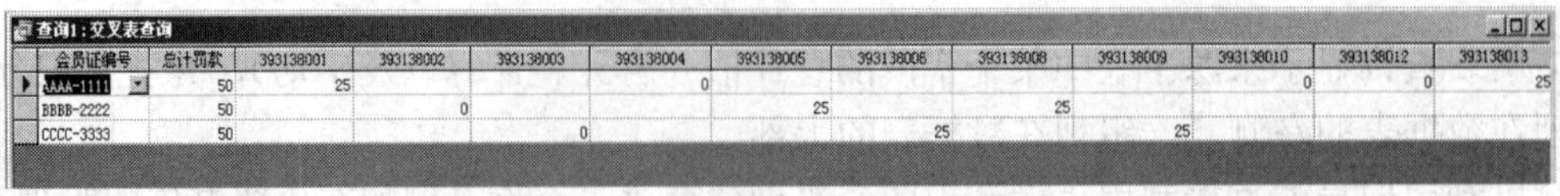

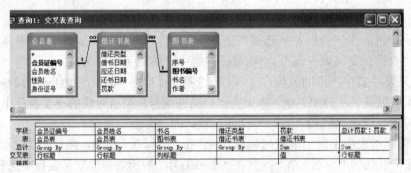

图 4.31　查询结果

 **注 意**

交叉表查询中可设置多个行标题，但是只能设置一个列标题和一个值。

交叉表查询中也可以设置基于多张表的查询，设计视图如 4.32 所示。查询结果如图 4.33
所示。

图 4.32　交叉表查询设计视图

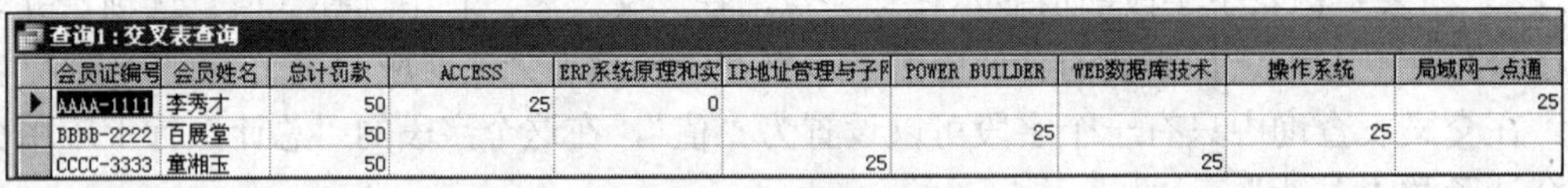

图 4.33　查询结果

4.4.3　参数查询设计

参数查询是它在执行时显示自己的对话框以提示用户输入信息的这样一种查询。例如，
可设计它来提示输入两个日期，查找在这两个日期之间的所有记录。参数查询可以作为窗体、
报表和数据访问页的数据源，参数查询的好处就是不必每次查询时修改查询设置，可以在查询
的运行中根据用户输入的参数进行查询。

创建会员借还书情况查询，用户需要输入会员编号参数来查看在该会员的借还书情况。
创建该参数查询的步骤如下：

（1）在数据库窗口中单击"新建"按钮，打开"新建查询"对话框。

（2）选择"设计视图"选项，然后单击"确定"按钮，打开查询的"设计"视图。

（3）在"显示表"对话框中同时选择"会员表"、"借还书表"、"图书表"3 个表，然后
单击"添加"按钮将该表添加到查询窗口中。单击"关闭"按钮。

（4）将"会员证编号"、"图书编号"、"书名"、"借还类型"、"借书日期"、"还书日期"、

"罚款" 7 个字段拖动到 "字段" 行中，以添加这 7 个查询字段。

（5）设置查询参数。在 "会员证编号" 对应的 "条件" 行中输入 "[请输入会员编号]"，如图 4.34 所示。条件表达式可以在 "表达式生成器" 中生成。

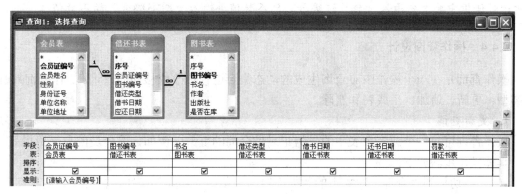

图 4.34　参数查询

（6）单击 "查询设计" 工具栏中的 "保存" 按钮，打开 "另存为" 对话框。输入查询的名称为 "按会员编号查询借还书情况"，单击 "确定" 按钮保存该查询。

（7）回到数据库窗口，双击建立好的 "按会员编号查询借还书情况" 查询，将弹出 "输入参数值" 对话框，如图 4.35 所示。在对话框中输入要查询的会员编号 "AAAA-1111"，然后，单击 "确定" 按钮得到查询结果，如图 4.36 所示。

图 4.35　输入会员编号

图 4.36　查询结果

注 意

参数查询中可以也设置带多个参数的查询，可以用 and、or、between…and 来连接各个参数，执行查询时只要依次输入参数值即可。

例如：查询某段时间内的借书情况，查询的设计视图如图 4.37 所示。

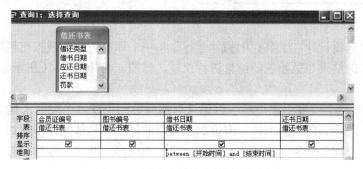

图 4.37　两个参数的查询设计视图

提　示

也可以设计多参数的查询，参数之间可以是"或"或"且"的关系，比如在图 4.35 所示对话框中要求先输入"会员证编号"的参数值再输入"图书编号"的参数值。

4.4.4　操作查询设计

操作查询是在一个操作中对查询生成的动态集合进行更改或移动的查询。操作查询共有 4 种类型：更新、追加、生成表和删除。

1．更新查询

更新查询可对一个或多个表中的一组记录做全局的更改。例如，将会员的办证费提高 10 元。具体操作步骤如下：

（1）在切换到"查询"对象下的数据库窗口中单击"新建"按钮，打开"新建查询"对话框。

（2）选择"设计视图"选项，然后单击"确定"按钮，打开查询的"设计"视图。

（3）在"显示表"对话框中单击"会员表"，然后单击"添加"按钮，将表"会员表"添加到查询窗口中，单击"关闭"按钮。

（4）将"会员表"中的"办证费"字段拖动到设计网格的"字段"行中。

（5）在"设计"视图中，单击"查询设计"工具栏中的"查询类型"下拉按钮，然后在下拉列表中选择"更新查询"选项，此时在设计网格中"表"行下面插入了"更新到"行，如图 4.38 所示。

（6）在"办证费"字段对应的"更新到"网格中输入"[办证费]+10"，如图 4.39 所示。

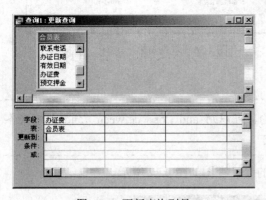

图 4.38　更新查询刊号

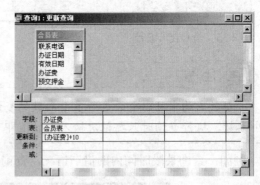

图 4.39　输入更改的内容

（7）单击"查询设计"工具栏中的"运行"按钮，原始表中的数据已经更新。

（8）将执行的结果与原始表的结果进行比较，如图 4.40 和图 4.41 所示。

2．追加查询

追加查询可将一个或多个表中的一组记录追加到另一个或多个表的末尾。例如，有一个"图书更新表"，用此表向"图书表"中追加一些新的记录。具体操作步骤如下。

（1）选择"查询"对象类型后，在数据库窗口中单击"新建"按钮，打开"新建查询"对话框。

	会员证编号	会员姓名	性别	身份证号	单位名称	单位地址	联系电话	办证日期	有效日期	办证费
+	AAAA-1111	李秀才	男	411005	翰林院	学府路	88735685	2007-3-17	2008-3-17	10
+	BBBB-2222	百展堂	男	412008	六扇门	皇城门	66852314	2007-3-17	2008-3-17	10
+	CCCC-3333	童湘玉	女	416007	同福客栈	建国门	56678249	2007-3-18	2008-3-18	10
+	dddd-4444	吕大嘴	男	412567	全聚烤鸭店	秀水胡同	88115748	2007-3-18	2008-3-18	10
+	ddds-1111	世都	男	111				2007-3-26	2008-3-26	10
+	eeee-5555	过芙蓉	女	415006	世都百货	王府井	22848566	2007-3-18	2008-3-18	10
+	ffff-6666	莫晓贝	女	485123	武林盟会	前门大街	34585936	2007-3-18	2008-3-18	10
▶ +	gggg-7777	燕晓六	男	415220	全聚烤鸭店	秀水胡同	56678249	2007-3-18	2008-3-18	10
+	hhhh-8888	祝梳双	女	432085	世都百货	王府井	92154212	2007-3-18	2008-3-18	10
+	iiii-9999	邢捕头	男	456488	六扇门	皇城门	84451287	2007-3-18	2008-3-18	10

图 4.40　查询执行前

	会员证编号	会员姓名	性别	身份证号	单位名称	单位地址	联系电话	办证日期	有效日期	办证费
+	AAAA-1111	李秀才	男	411005	翰林院	学府路	88735685	2007-3-17	2008-3-17	20
+	BBBB-2222	百展堂	男	412008	六扇门	皇城门	66852314	2007-3-17	2008-3-17	20
+	CCCC-3333	童湘玉	女	416007	同福客栈	建国门	56678249	2007-3-18	2008-3-18	20
+	dddd-4444	吕大嘴	男	412567	全聚烤鸭店	秀水胡同	88115748	2007-3-18	2008-3-18	20
+	ddds-1111	世都	男	111				2007-3-26	2008-3-26	20
+	eeee-5555	过芙蓉	女	415006	世都百货	王府井	22848566	2007-3-18	2008-3-18	20
+	ffff-6666	莫晓贝	女	485123	武林盟会	前门大街	34585936	2007-3-18	2008-3-18	20
▶ +	gggg-7777	燕晓六	男	415220	全聚烤鸭店	秀水胡同	56678249	2007-3-18	2008-3-18	20
+	hhhh-8888	祝梳双	女	432085	世都百货	王府井	92154212	2007-3-18	2008-3-18	20
+	iiii-9999	邢捕头	男	456488	六扇门	皇城门	84451287	2007-3-18	2008-3-18	20

图 4.41　查询执行后

（2）选择"设计视图"选项，然后单击"确定"按钮，打开查询的"设计"视图。

（3）在"显示表"对话框中选择表"图书更新表"，然后单击"添加"按钮将该表添加到查询窗口中。单击"关闭"按钮。

（4）将"图书更新表"中的全部字段拖动到"字段"网格中，如图 4.42 所示。

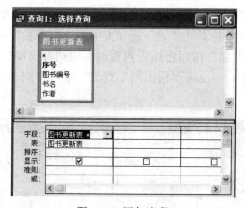

图 4.42　添加字段

（5）单击工具栏中的"查询类型"下拉按钮，然后在下拉列表中选择"追加查询"选项，打开"追加"对话框。在"表名称"文本框中输入数据需要追加到的表名称"图书表"，或者单击右边的下拉按钮打开"表名称"下拉列表，选择追加到的表。这里选择"图书表"，如图4.43 所示。

（6）单击"确定"按钮。此时在查询的设计网格中插入了"追加到"行，并且追加的字段也已自动添加，如图 4.44 所示。

（7）单击工具栏中的"运行"按钮，此时会打开一个操作提示对话框。单击"是"按钮则完成追加查询。

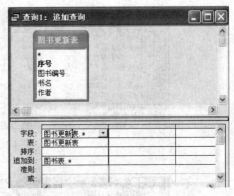

图 4.43　选择追加到的表　　　　　　　　图 4.44　设计追加查询

注 意

（1）如果追加查询用到的两张表的表结构一致，可采用以上方法选择全部字段。否则应选择相对应的字段，字段的名称可以不同，但是数据类型必须兼容。

（2）如果要追加记录的表中有主键，则追加的记录中不能有重复的主关键字值。

3．生成表查询

生成表查询是利用一个或多个表中的全部或部分数据创建新表的查询。这种查询便于数据的备份。操作步骤如下：

（1）在数据库窗口中单击"新建"按钮，打开"新建查询"对话框。

（2）选择"设计视图"选项，然后单击"确定"按钮，打开查询的"设计"视图。

（3）在"显示表"对话框中单击"表"选项卡中的"图书表"和"查询"选项卡中的"借出图书查询"，然后单击"添加"按钮将该表和查询添加到查询窗口中。单击"关闭"按钮。"图书表"中的"图书编号"字段与"借出图书查询"中的"图书编号"字段自动建立关联，如图 4.45 所示。

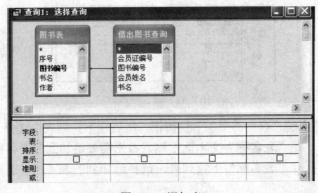

图 4.45　添加表

（4）将"图书表"中的"书名"、"作者"、"出版社"三个字段和"借出图书查询"中的"借还类型"字段拖动到"字段"网格中，以添加这些查询字段。在"出版社"对应的条件行中输入"北方交通大学出版社"，在"借还类型"对应的条件行中输入"借"，设置本次查询的筛选条件，如图 4.46 所示。

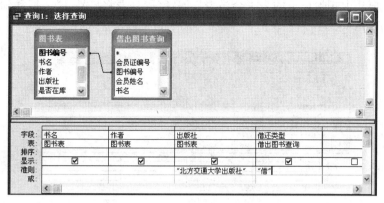

图 4.46　添加字段设置条件

（5）单击工具栏中的"查询类型"下拉按钮，然后在弹出的下拉列表中单击"生成表查询"选项，打开"生成表"对话框。用户在该对话框的"表名称"文本框中输入生成新表的名称。如果单击"当前数据库"单选按钮，则用户把生成的新表存放到当前打开的数据库中。如果单击"另一数据库"单选按钮，则"文件名"文本框被激活，需要用户输入新表存放的路径。这里选择前者，并在生成表的"表名称"文本框中输入"北交大出版社借出图书表"，如图 4.47所示，单击"确定"按钮。

图 4.47　确定生成表的名称

（6）单击工具栏中的"运行"按钮，在弹出的提示对话框中单击"是"按钮将执行查询操作，但此时结果并未显示出来。

（7）回到"数据库"窗口中，单击"表"对象，可以看到新建的生成表"北交大出版社借出图书表"。双击该表，即显示查询的结果。

4. 删除查询

当数据库中的数据不再需要或对数据进行维护时，可能要删除某些数据，这时删除查询可以完成这一功能。一定要注意，使用删除查询删除记录之后，就不能撤消这个操作了，应该随时维护数据的备份。如果不小心错删了数据，可以从备份中恢复它们。

删除查询可以从一个或多个表中删除一组记录。删除查询要根据所涉及的表及表之间的关系来删除表中的记录，包含从单个表或一对一关系表中删除记录或一对多关系中两端的表的查询来删除记录。

从单个表或一对一关系表中删除记录的操作步骤如下：

（1）新建包含要删除记录的表的查询。

（2）在查询的"设计"视图中，单击工具栏上的"查询类型"下拉按钮，然后在弹出的下拉列表中单击"删除查询"选项。

（3）对于要从中删除记录的表"会员表"，从字段列表将星号（*）拖动到查询设计网格中，如图 4.48 所示。

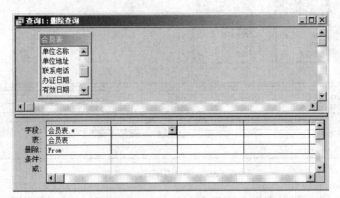

图 4.48　删除表查询

（4）如果要为删除的记录指定条件，则拖动要设置条件的字段"单位地址"，如图 4.49 所示，"Where"显示在这些字段下的"删除"单元格中。

（5）在已经拖动到网格中的字段的"条件"单元格中，输入条件。

（6）如果要预览即将删除的记录，单击工具栏上的"视图"按钮。如果要返回查询"设计"视图，再次单击工具栏上的"视图"按钮，在"设计"视图中，可以进行所需的更改。

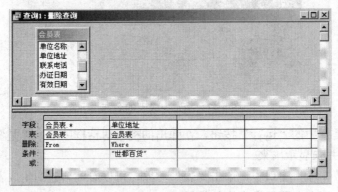

图 4.49　设置删除条件

（7）如果要删除记录，单击工具栏上的"运行"按钮。

（8）如果要中止已运行的查询，可以按 Ctrl+Break 组合键停止查询的执行。

创建一对多关系中两端的表的查询来删除记录，具体的操作步骤如下：

（1）新建包含要删除记录或设置准则的表的查询。

（2）在查询的"设计"视图中，单击工具栏上的"查询类型"下拉按钮，然后在弹出的下拉列表中单击"删除查询"选项。

（3）对于要删除记录的从表（在一对多关系的"多"端上），从字段列表将星号（*）拖动到查询设计网络中。

（4）从主表中（一对多关系的"一"端的表），将要设置条件的字段拖动到设计网格中。

（5）在已经拖动到网格的字段的"条件"行中，输入条件。

（6）如果要预览即将删除的记录，单击工具栏上的"视图"按钮。如果要返回查询"设计"视图，再次单击工具栏上的"视图"按钮，在"设计"视图中可以进行所需的更改。

（7）如果要删除一对多关系上"多"端表中的记录，单击工具栏上的"运行"按钮。

（8）选择一对多关系"多"端上每个表的字段列表，并且按 Delete 键将它从查询中删除。

（9）如果只想在查询中和设计网格中设置准则的字段上保留主表，再次单击"运行"按钮。Access 2003 将从一对多关系上的"一"端表中删除所指定的记录。

4.5 查 询 的 保 存 与 运 行

4.5.1 查询的保存

完成以上所有类型的查询之后，并确定查询正确无误，就要对其进行保存。有以下几种方法：

（1）在查询"设计"视图中，单击"文件"菜单中的"保存"命令，在弹出的保存对话框里为查询指定名字，系统自动保存查询。

（2）在查询"设计"视图中，单击工具栏上"保存"按钮 ，在弹出的保存对话框里为查询指定名字，系统自动保存查询。

（3）当设计完成查询后，关闭"设计视图"后，系统会弹出提示对话框，单击"是"按钮后会弹出"另存为"对话框，在此对话框中输入查询的名称并单击"确定"按钮即可。

4.5.2 运行查询

运行选择查询或交叉表查询的操作步骤如下：

（1）在"数据库"窗口中，单击"对象"下的"查询"。

（2）单击要打开的查询。

（3）单击"数据库"窗口工具栏上的"打开"按钮。在步骤（2）中双击要打开的查询即可打开此查询。

打开选择查询或交叉表查询时，运行该查询并在"数据表"视图中显示结果。

运行操作查询与运行选择或交叉表查询不同，在"数据表"视图中打开操作查询时无法预览操作查询的结果。但是，在"数据表"视图中，可以预览运行操作查询时受影响的数据。运行操作查询的操作步骤如下：

（1）在"设计"视图中打开操作查询。

（2）若要预览在"数据表"视图中受影响的记录，请单击工具栏上的"视图"并检查记录。

（3）若要返回查询"设计"视图，请在工具栏上再次单击"视图"按钮 。在"设计"视图中可以进行任何必要的更改。

（4）单击工具栏上的"运行"按钮，运行该查询。

 注 意

在操作查询中，更改或移动数据前对其做好备份，以免在运行操作查询后需要将数据恢复到原来的状态。

若要中止已运行的查询，请按 Ctrl+Break 组合键。

习　题

1．什么是查询？

2．查询有哪几种类型？

3．操作查询有几种？每一种的作用是什么？

4．创建选择查询，查询被借出还未归还的图书的信息。

5．创建交叉表查询，统计每本书被各个会员借阅的次数以及会员总共借书的次数。

6．创建参数查询，按借书时间查询图书的借出情况。

7．创建更新查询，在图书表中将"人民交通出版社"出版的图书更新为"人民出版社"。

8．创建删除查询，将会员表中"有效期"小于"2008-1-1"的会员信息删除。

9．创建生成表查询，查询已借阅图书但还未归还的会员信息，把查询结果生成一张新表。

第 5 章　窗　　体

本章概述

本章将首先介绍窗体的功能及分类，然后介绍利用自动窗体、利用向导和利用设计视图创建窗体的方法，还将介绍设计视图中工具箱的使用、窗体完善的技巧和修饰窗体的方法等，最后介绍主/子窗体的创建与使用。

本章重点

◆　窗体的功能及分类

◆　窗体的创建

◆　窗体的设计和修改

本章难点

◆　窗体的高级用法

5.1　认　识　窗　体

5.1.1　窗体的功能

窗体是 Access 2003 中用来和用户交互的主要数据库对象，它可以控制用户和系统的交互，也可以接受用户输入并执行相应的操作。窗体还可以与数据表协同工作，用户可以输入新的记录或浏览原有记录。将数据在屏幕上合理安排，使得在窗体中有文字、图像，还可以插入声音、视频，使人机界面更加丰富多彩。另外窗体还可以与宏或函数相结合，控制数据库应用程序的执行过程。在窗体中我们可以使用各种窗体控件，使数据库的各个对象紧密地结合起来。窗体的使用使数据库的应用变得既直观又生动。

在 Access 2003 中，窗体不仅具有可视化的设计风格，而且由于使用数据库引擎机制，自动将数据库捆绑于窗体，从而使得前端对于窗体的操作与后端数据库中数据的维护同步进行。虽然窗体的主要功能是操纵数据库，但是它的功能并不局限于这一个方面，一般情况下利用窗体可完成下列功能。

（1）浏览并编辑数据库中的数据。如输入新的记录，显示已有的记录，更改或删除原有的记录等。比如，设计一个窗体显示单位的人事管理信息，用户可以在窗体中操作，更改其中的信息，如职务、职称、婚姻状况等。在用户更改窗体中的信息时，系统将直接改变数据库中的对应数据，这是窗体最常见的使用形式。数据在窗体中的显示方式是可以进行控制的，如特别重要的信息用红色显示，还可以添加阴影。用户甚至可以利用窗体所结合的 Visual Basic 程序代码创建数据库。

（2）控制运用程序的流程。在窗体创建的过程中，可以很容易地添加复选框、标签等控件。控件是窗体中显示数据、执行操作或装饰窗体的对象。窗体中的所有信息都是包含在控件中，例如可以在窗体中使用标签显示信息，使用命令按钮打开另一个窗体，或者使用线条或矩形来分割和组织控件，使它们更加易读。

该功能是窗体最普遍的应用。通过向窗体添加命令按钮，并对其编程，使得单击命令按钮即可执行相应操作，从而达到控制程序执行流程的目的。主控制面板是这一功能的典型应用。

（3）显示信息。可以设计一种窗体，用来显示错误、警告等信息。窗体可以提供信息，及时告诉用户即将发生的动作信息，如在用户要删除一条人员信息记录时，要求进行确认。

5.1.2　窗体的结构

窗体一般由若干部分构成，每一部分称为一个节，窗体最多可以拥有 5 个节。它们分别是：窗体页眉、页面页眉、主体、页面页脚和窗体页脚，如图 5.1 所示。窗体中的信息可以分布在多个节中，所有窗体都必须有主体节。每一个节都有特定的用途，并且按窗体中预览的顺序打印。

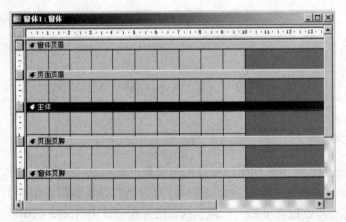

图 5.1　窗体的结构

在"设计"视图中，节表现为区段形式，并且窗体包含的每一个节都出现一次。在打印窗体中，页面页眉和页脚可以每页重复一次。通过放置控件（如标签和文本框）可以确定每个节中信息的显示位置。

（1）窗体页眉：窗体页眉用于显示每一条记录的内容说明。例如窗体的标题，或打开相关窗体或执行其他任务的命令按钮。在"窗体"视图中，窗体页眉显示在屏幕的顶部，在打印时，窗体页眉显示在第一页顶部。

（2）页面页眉：页面页眉用于显示诸如标题、图像、列标题或用户要在每一打印页上方显示的内容。页面页眉只显示在用于打印的窗体上。

（3）主体：主体用于显示记录。可以在屏幕或页上只显示一个记录，或按其大小尽可能多地显示记录。

（4）页面页脚：页面页脚用来显示诸如日期、页码或用户要在每一打印页的下方显示的内容。页面页脚只显示在用于打印的窗体上。

（5）窗体页脚：窗体页脚用来显示用户要为每一条记录显示的内容。例如命令按钮和使用窗体的指导。在"窗体"视图中，窗体页脚只在屏幕的底部显示，在打印时，窗体页脚显示在最后一页上的最后一个主体节之后。

窗体页眉和窗体页脚显示在"窗体"视图中窗体的上方和下方，以及打印窗口的开头和结尾。报表页眉和报表页脚显示在打印报表的开头和结尾。窗体页眉和窗体页脚则显示在每一打印页的顶部和底部，不出现在"窗体"视图中。

提　示

窗体结构中只有主体节是默认节。

5.1.3　窗体的种类

窗体可以从它的作用和表现形式两方面进行分类。按照窗体的作用分类，窗体可以分为数据输入窗体、切换面板窗体和弹出式窗体。

数据输入窗体是 Access 2003 最常用的窗体，该窗体一般被设计为结合型窗体，它主要由各类结合型控件组成，这些控件的数据来源为窗体所基于的表或查询的字段，图 5.1 就是这种窗体。利用数据输入窗体可以添加或删除记录，可以筛选、排序或查找记录，可以编辑、进行拼写检查或打印记录，还可以直接定位到所需记录。在数据输入窗体上，充分利用各种类型的控件，如单选按钮、复选框、命令按钮、组合框等，可以设计出功能强大、方便好用的窗体。

切换面板窗口是窗体的特殊应用，它主要用于实现在各种数据库对象之间的切换。切换面板窗体虽然是一种窗体，但很少直接使用窗口"设计"视图来创建切换面板窗体。Access 2003为创建切换面板窗体提供了两种方法。一种是在使用"数据库向导"创建数据库时，由数据库向导自动创建一个切换面板窗体，该面板对浏览数据库很有帮助。另一种是使用"切换面板管理器"来创建并管理切换面板窗体。切换面板窗体中有一些按钮，单击这些按钮可以打开相应的窗体和报表（或打开其他窗体和报表的切换面板窗体）、退出 Access 2003 或自定义切换面板窗体。

弹出式窗体用来显示信息或提示用户输入数据。即使其他窗体正处于活动状态，弹出式窗体始终都会显示在所有已打开的窗体之上。弹出式窗体可能是非独占式的，也可能是独占式的。如果弹出式窗体是非独占式的，可以在打开窗体时访问其他对象及菜单命令。例如，可以在订单窗口中添加一个显示产品的弹出式窗体的命令按钮，这个弹出式窗体将在订单窗体中显示产品的信息。如果弹出式窗体为独占式，除非关闭或隐藏该窗体，否则将不能访问任何其他对象或菜单命令。独占式弹出窗体就是自定义对话框。例如，可以创建一个自定义对话框来询问用户要打印哪些报表。将普通窗体的"弹出方式"属性设置为"是"，即可将其转换为弹出式窗体。如果将窗体的"模式"属性设置为"是"，则窗体就成为独占式窗体。

窗体按照其表现形式可以分为多页窗体、连续窗体、子窗体、弹出式窗体等。

提　示

窗体按照数据输入窗体、切换面板窗体和弹出式窗体的分类也可以说是按照功能进行分类的。

5.1.4　自动窗体

上面介绍了窗体的作用、构成和分类，那么应该怎样创建一个窗体呢？我们可以用 Access 2003 提供的最简单的创建窗体的方法创建一个窗体，该方法就是自动窗体。自动窗体是创建窗体最简单直接的方法，在"自动窗体"中，可以选择一个记录源和纵栏表、表格或数据表其中之一的布局；"自动窗体"创建使用来自选中记录源所有字段以及来自相关记录源所有字段的窗体。下面用"图书借阅管理系统"数据库为例来创建一个"会员表"窗体，其创建窗体的步骤如下：

（1）打开"图书借阅管理系统"数据库，选择"窗体"对象，单击"新建"按钮。

（2）在弹出的如图 5.2 所示的"新建窗体"对话框中，选择"自动创建窗体：表格式"选项。

（3）在"请选择该对象数据的来源表或查询"下拉列表中选择"会员表"选项，然后单击"确定"按钮，如图 5.3 所示。

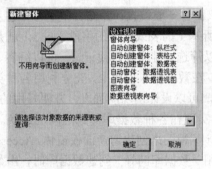 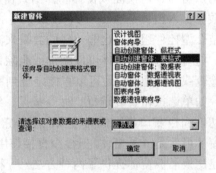

图 5.2　"新建窗体"对话框　　　　　　　　图 5.3　选择数据源

（4）做完以上步骤，就会弹出如图 5.4 所示的窗体，这就是创建的新窗体，在关闭时，只要保存它即可。

图 5.4　新创建的"会员"窗体

5.2　创　建　窗　体

5.2.1　使用"向导"创建窗体

在 Access 2003 中使用窗体向导创建窗体能加快窗体的创建过程，因为它可以代替用户完成大多数基本工作。使用窗体向导时，Access 2003 会提示用户输入有关信息，并根据用户所提供的信息创建窗体。

使用"向导"创建新窗体的具体步骤如下：

（1）在"数据库"窗口中单击"对象"栏上的"窗体"按钮，然后单击"数据库"窗口工具栏上的"新建"按钮，打开"新建窗体"对话框，如图 5.5 所示，选择"窗体向导"项，开始创建窗体。

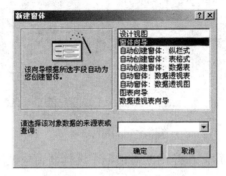

图 5.5 "新建窗体"对话框

（2）选择新窗体所基于的数据来源，如图 5.6 所示。

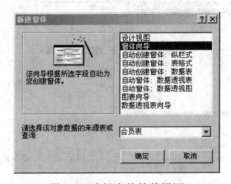

图 5.6 选择窗体的数据源

（3）单击"确定"按钮，然后在弹出的对话框中选择窗体中要使用的字段，这些字段将绑定在窗体上，如图 5.7 所示。

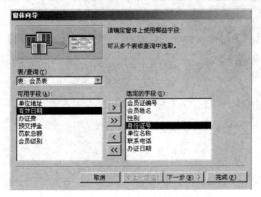

图 5.7 选择窗体中要使用的字段

（4）单击"下一步"按钮，在弹出的对话框中选定窗体使用的布局，如图 5.8 所示。

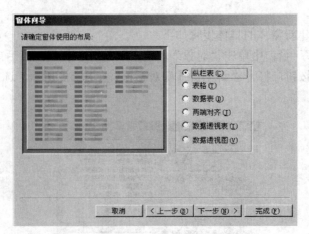

图 5.8   窗体的布局

（5）单击"下一步"按钮，在弹出的对话框中选择新窗体使用的样式，如图 5.9 所示。

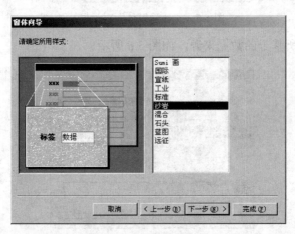

图 5.9   选择窗体的样式

（6）单击"下一步"按钮，在弹出的对话框中给新窗体命名，如图 5.10 所示。

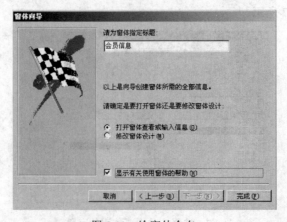

图 5.10   给窗体命名

（7）创建完成的窗体如图 5.11 所示。

图 5.11　　"会员信息"窗体

5.2.2　窗体设计视图

窗体设计视图主要用于以视图方式打开窗体并对其内容或结构进行修改。单击要打开的窗体，然后选择"设计"按钮，即可以"设计"视图方式打开窗体。也可以右击窗体名，从弹出的快捷菜单中选择"设计"命令来打开窗体的设计视图。如将"会员卡登记窗体"以设计视图方式打开，如图 5.12 所示。

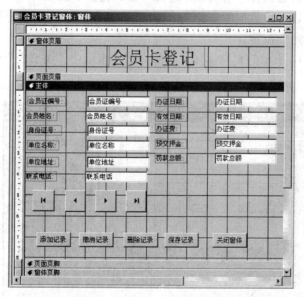

图 5.12　窗体的"设计"视图

从图中可以看到窗体的几大构成部分：主体显示在窗体的中间，包含着窗体的基本信息，本例是用来显示会员登记时的明细记录；窗体页眉和窗体页脚则显示在整个窗体的前面和后面，所显示的是与主体部分变化无关的信息或控件，本例用于显示窗体主题；页面页眉和页面页脚则根据需要自行添加。

打开窗体时，系统同时打开一个如右图所示的工具箱，如果没有此工具箱，则可以通过选择"视图"菜单中的"工具箱"菜单项或单击工具箱按钮来打开该工具箱。

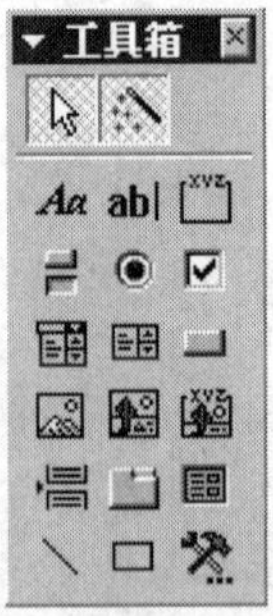

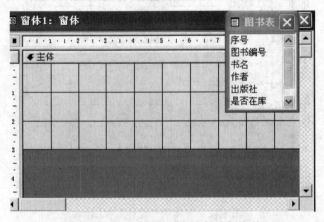

工具箱是设计窗体的重要工具如图 5.13 所示，可以利用它给窗体添加控件，如标签、命令按钮、复选框等。如果在使用工具箱时，不知道某个控件的作用，可以将光标指向这个控件并暂停，此时就会出现简单的提示信息。通过拖动工具箱的标题栏可以移动工具箱，也可以通过拖拉边框来改变形状。

工具箱包含了可用于窗体上的所用控件的按钮，要在窗体中添加

图 5.13　工具箱

控件，需先在工具箱中单击该控件按钮，此时光标就变成所选工具的图标，然后在要放置控件的地方单击即可。如果要在放置控件时改变控件的大小，可以拖动鼠标来改变。

5.2.3　使用设计视图创建窗体

在设计视图里主要是对已用向导创建的窗体进行修改和修饰，但也可以在"设计"视图里直接创建窗体，下面我们用"图书表"创建"图书录入"窗体，其步骤如下：

（1）在"数据库"窗口中单击"对象"栏上的"窗体"按钮，然后单击"数据库"窗口工具栏上的"新建"按钮。

（2）在弹出的"新建窗体"对话框中选择"设计视图"选项。

（3）在"请选择该对象数据的来源表或查询"下拉列表中选择数据来源，这里选择"图书表"，然后单击"确定"按钮。

（4）出现如图 5.14 所示的新建窗体，然后直接单击选中"图书表"中的字段拖曳到新建窗体的"主体"中。

图 5.14　在"设计视图"中创建新窗体

（5）选择要拖拉的字段，然后一直按住鼠标左键，拖动鼠标到"主体"区，鼠标就会变成一个小长方形，移动到要放置的位置，然后松开左键即可。

（6）根据需要调整各控件的位置，一个新窗体就创建完成了，如图 5.15 所示。

（7）双击保存后的窗体，执行后新建窗体如图 5.16 所示。

图 5.15 新建窗体

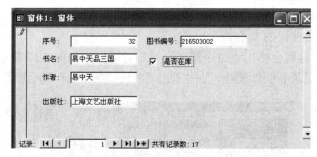

图 5.16 运行后的新建"图书录入"窗体

5.3 窗 体 设 计 技 巧

上节中用"设计"视图创建的"图书录入窗体"只有"主体",同时窗体的内容也很简单,不能很明了地显示这个窗体的作用和功能。这时,就需要对该窗体进行内容和格式的修改与编辑。

5.3.1 在窗体中使用控件

下面给 5.2.3 小节中创建的"图书录入"窗体添加常用的控件来说明窗体中控件的使用。

标签是工具箱中第一个控件,也是我们常用的控件之一;其常用来在窗体上显示说明性文本,例如标题、简单的提示。标签不和任何动态的表达式结合,其值始终不变,因此称为静态文本。"图书录入窗体"没有标题,现在用标签给它添加一个标题,步骤如下:

(1)在"数据库"窗口中选中"图书录入窗体",单击"设计"按钮,就进入设计视图。

(2)单击工具箱中的"标签"按钮 ^{Aa},这时移动光标到要添加标签的位置,鼠标指针就变成"⁺A"形状。

(3)按住鼠标左键拖动,就在选定的位置插入标签,然后在标签上输入相应的文本,如"新书录入"。

如果需要对标签的属性进行修改,则右击该标签,在弹出的快捷菜单中选择"属性"命令,在弹出的属性设置框中对其进行修改,这在下节中详细说明。

　　文本框是常用来在窗体上显示某个表、查询等中的数据，这种文本框类型称作结合型文本框，因为它用来与某个字段中的数据结合。同时，也可以创建其他类型的文本框用来显示结果或接受输入操作等。

　　创建文本框的操作步骤如下：

　　（1）在已打开的窗体"设计视图"的工具箱中单击"文本框"按钮 **abl** 。

　　（2）移动光标到相应位置，按住鼠标左键拖拉，此时会出现"文本框向导"对话框。在向导中根据需要设置或按提示创建即可，一般按提示就行。

　　（3）在文本框中输入文本即可。这样创建的文本框只有显示文本的功能，其详细属性，下节再详细介绍。

　　命令按钮是窗口数据浏览操作中不可缺少的一个控件，下面以向"图书录入窗体"添加按钮来说明按钮控件添加的步骤：

　　（1）以设计视图方式打开"图书录入窗体"，单击工具箱中的"命令按钮 ▭"，然后在要放置按钮的位置拖曳出按钮的大小。

　　（2）放开鼠标左键就会弹出"命令按钮向导"对话框，如图 5.17 所示，在该对话框"类别"列表框中选择"记录导航"选项，在"操作"列表框中选择"转至第一项记录"选项。

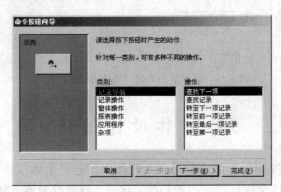

图 5.17　命令按钮向导 1

　　（3）单击"下一步"按钮，在出现的对话框中要求用户选择按钮上显示文字还是图片，这里选择"图片"单选按钮，如图 5.18 所示，可以单击"浏览"按钮，在弹出的"选择图片"对话框中选择自己喜欢的外部图片。

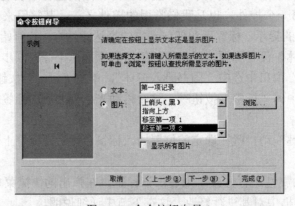

图 5.18　命令按钮向导 2

（4）单击"下一步"按钮，在出现的对话框中输入按钮的名称，该名称不显示在按钮上面，而是作为按钮的"属性"使用，然后单击"完成"按钮完成按钮的创建，如图 5.19 所示。

按照上面的步骤添加"转至前一项记录"、"转至下一项记录"、"转至最后一项记录"等其他按钮，添加后的"图书录入窗体"如图 5.20 所示。

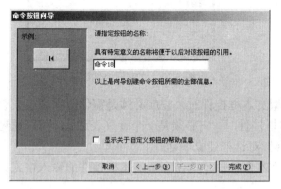

图 5.19　命令按钮向导 3

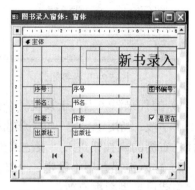

图 5.20　"图书录入窗体"按钮

 提　示

使用向导为窗体增加命令按钮时，必须确保工具箱中的"控件向导"按钮被激活，然后可在工具箱中单击"命令按钮"按钮进行添加。

5.3.2　设置控件属性

标签对象的属性比较简单，因为它不被用来操作数据，所以其"数据"属性选项卡中内容为空，其整个属性对象如图 5.21 所示。

从图 5.21 中，可以看到标签的各个属性的意义和使用。

（1）标题。标签控件的"标题"属性值将成为标签中显示的文字信息。注意，不要与标签控件的"名称"属性相混。

（2）背景色、前景色。它们分别表示标签显示时的底色与标签中的文字的颜色。设定颜色可以通过调色板进行。

（3）特殊效果。"特色效果"属性值用于设定标签的显示效果，可以选择"平面"、"蚀刻"、"阴影"、"凿痕"等几种特殊效果取值来达到特殊的效果。

（4）字号、字体名称、字体粗细、倾斜字体。这些属性用于设定标签中显示文字的字体、字号、字型等参数，可以根据需要选择。

（5）单击。当在该标签上单击时，就会发生"单击"中设定的事件。

其他还有"双击"、"鼠标按下"、"鼠标移动"、"鼠标释放"等，其意义和"单击"一样，分别指相应的动作就会发生对应的事件。

文本框控件的属性很多，其中格式属性与标签控件的格式属性基本相同，这里就不再赘述。下面用"图书录入窗体"中的文本框控件来说明文本框的数据和事件属性。文本框控件的数据属性如图 5.22 所示。

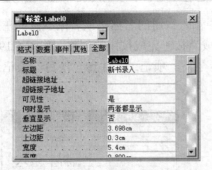

图 5.21　标签属性

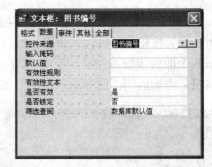

图 5.22　文本框控件数据属性

（1）控件来源。当用于设定一个结合型文本框控件时，它就必须是窗体数据源表或查询中的一个字段；当用于设定一个计算型文本框控件时，它必须是一个计算表达式，可以通过单击属性栏右侧的┅按钮进入"表达式生成器"对话框建立表达式。

（2）输入掩码。用于设定一个结合型文本框控件或非结合型文本框控件的输入格式，仅对文字型或日期型数据有效。

（3）有效性规则。用于设定该文本框控件中输入或修改的数据没有通过有效性规则时，所要显示的信息。

（4）有效性规则。用于指定该文本框控件是否能够获得焦点（Focus）。

（5）是否锁定。用于指定该文本框是否允许在"窗体"运行视图中接受编辑文本框中显示的数据操作。

（6）筛选查找。用于指定该文本框控件以何种方式接收按窗体筛选的数据。

文本框控件的事件属性较多，如果需要某一控件能够在某一事件发生时做出相应的响应，就必须为该控件针对该事件的属性赋值。事件属性的赋值可以有三种方法：设定表达式、指定一个宏操作或为其编写一段 VBA 程序。

命令按钮控件在窗体上具有一定功能的事件操作能力，其大多属性和前面介绍的两种控件的属性相似，这里不详细介绍了，但在控件的使用一节中我们用向导创建的按钮就是一个事件处理程序，通过单击工具栏上的"代码"按钮 进入窗体源代码窗口可以看见，"转至第一项记录"按钮的代码如下：

```
Private Sub first_Click()
On Error GoTo Err_first_Click
    DoCmd.GoToRecord , , acFirst
Exit_first_Click:
    Exit Sub
Err_first_Click:
    MsgBox Err.Description
    Resume Exit_first_Click
End Sub
```

由此可见，可以通过新建按钮，并编写 VBA 代码实现特定的功能。命令向导中提供的 6 种操作类别是最常用的（参见图 5.17），可以根据向导提示来完成命令按钮的创建。

5.3.3　在窗体中添加当前日期和时间

在浏览窗体时，有时需要显示当前的日期和时间。下面以在"图书录入窗体"中添加日期和时间来说明添加的操作步骤：

（1）以"设计视图"方式打开"图书录入窗体"。

（2）单击工具箱中的"文本框"控件，然后在合适的位置创建一个文本框。

（3）单击右边的文本框，在里面输入"=now( )"，now( )是一个表达式，用于获取计算机系统当前的时间。

（4）单击左边的文本框边框，输入"日期及时间"，如图 5.23 所示。

图 5.23　添加日期

（5）保存修改的窗体，然后双击运行窗体，其结果如图 5.24 所示。

图 5.24　运行结果

5.3.4　在窗体中使用计算表达式

在窗体中，对数据库的操作常用到控件对数据的操作，这就需要对控件应用表达式，表达式的应用使控件的功能变得更灵活，下面讲解表达式的使用。

在 5.3.3 小节中添加窗体的日期也是一种表达式的使用，但它只是对系统参数的调用，向窗体添加页码标签是另一种表达式的使用。在窗体中添加一个标签，在文本框中输入以下内容：="第"&[Page]&"页共"&[Pages]&"页"。在这里，双引号内的内容是将要在窗体中显示的文字，而[Page]、[Pages]分别是当前页号和总页数。当然也可以使用表达式生成器来生成表达式，实现特定的功能，表达式生成器如图 5.25 所示。

图 5.25　表达式生成器

5.4   创建和使用主/子窗体

子窗体是窗体中的窗体，基本窗体称为主窗体，窗体/子窗体也称为阶层式窗体或主窗体/细节窗体。在显示一对多关系的表或查询中的数据时，子窗体特别有效，它可以显示一对多中的"多"。一个主窗体可以有任意个子窗体，也可以有二级子窗体。

5.4.1   同时创建主窗体和子窗体

主窗体的创建方法在 5.2 节中讲过，这里主要讲解子窗体的创建，以"会员卡登记窗体"创建子窗体为例，说明创建方法及过程。

（1）在"设计"视图中打开"会员卡登记窗体"，单击工具箱中的"子窗体/子报表"按钮圖，然后移动光标到"会员卡登记窗体"中要放置子窗体的位置并拖曳。

（2）在主窗体中就会弹出"子窗体向导"对话框，如图 5.26 所示，首先要选择数据来源，这里选择"使用现有的表和查询"单选按钮。

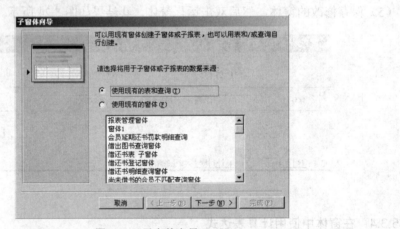

图 5.26   子窗体向导 1

（3）单击"下一步"按钮，会出现如图 5.27 所示的界面，跟创建窗体一样，在这里选择要显示的字段，我们把所有的字段都选中。

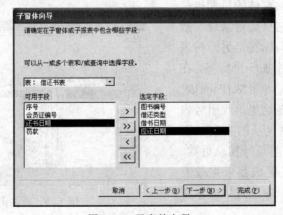

图 5.27   子窗体向导 2

（4）单击"下一步"按钮，出现如图 5.28 所示的对话框，该步骤是用来指定用什么参数将主窗体和子窗体绑定，这里用主窗体中和子窗体中共有的字段来设定参数。

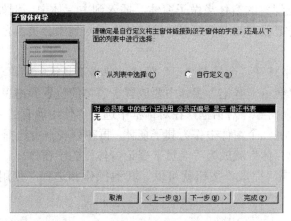

图 5.28 子窗体向导 3

（5）再单击"下一步"按钮，在进入的对话框中指定子窗体的名称，如图 5.29 所示。然后单击"完成"按钮完成子窗体的创建。

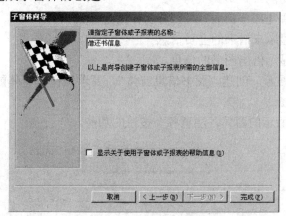

图 5.29 子窗体向导 4

保存对窗体的修改，然后运行"会员卡登记窗体"，如图 5.30 所示。

图 5.30 带子窗体的"会员卡登记窗体"

5.4.2 　创建子窗体并将其添加到已有窗体中

有时，也可以把已创建的窗体当做子窗体，插入到主窗体中。例如上一节中，可以不必创建一个子窗体，而是把已有的"借还书登记窗体"插入到"会员卡登记窗体"，其操作步骤如下：

（1）在设计视图中打开"会员卡登记"窗体，单击工具箱中的"子窗体/子报表"按钮，然后移动鼠标指针到"会员卡登记"窗体中要放置子窗体的位置并拖曳。

（2）出现"子窗体向导"对话框，在对话框中选择"使用现有的窗体"单选按钮，即直接将已有的窗体插入到另一个窗体中作为其子窗体，再在列表框中选择"借还书登记窗体"选项，这样"借还书登记窗体"就成为"会员卡登记窗体"的子窗体。

（3）最后一步单击"完成"按钮就可以，其他操作和选择"使用现有的表和查询"时一样。

习　　题

1．试简述窗体的功能。

2．窗体的结构由哪几部分构成？各部分的作用是什么？

3．创建窗体用以显示未借书的会员信息。

4．创建窗体用以显示借出图书的信息。

5．以图书表为数据源，创建"图书信息窗体"。要求是在该窗体能进行记录的浏览，记录的添加、修改、删除。

6．创建如图 5.31 所示的窗体，注意各个按钮的功能。

图 5.31　创建窗体

第 6 章　报　　表

本章简介

报表是用户根据需求来设计数据输出格式的途径。本章将主要介绍各种创建报表的方法，以及如何创建多列报表、子报表、图表报表。此外，还将介绍在报表设计视图中对报表进行排序、分组，以及使用计算字段为报表添加页码、日期时间和徽标等高级应用方法。

重点

◆　创建报表
◆　报表设计
◆　报表的高级设计
◆　报表的输出

难点

◆　设计高级报表

6.1　认　识　报　表

报表是 Access 2003 中的主要功能之一，是重要的数据库对象，数据库中的信息不仅可以通过计算机网络的方式供人们使用，而且可以打印出来进行更广泛的传阅。报表是以打印格式展示数据的一种有效方式，实现了传统媒体与现代媒体在信息传递和共享方面的结合。因为能够控制报表上所有内容的格式和外观，可以按照自定义的方式显示要查看的信息，所以报表打印功能几乎是每一个信息系统都必须具备的功能。

报表和窗体在某种程度上具有互换性，即两者可以互相转换。虽然窗体也可以打印，但是与窗体不同的是，报表只能用来对数据或计算结果进行浏览或打印，而不能在其中进行数据的输入和编辑。

Access 2003 的报表对象是 Access 2003 数据库中的一个容器对象，中间应包含若干数据源和其他一些对象。包含在报表对象中的这些对象称为报表控件，而设计一个 Access 2003 报表对象也就是在报表容器中合理地设计各个报表控件，以实现数据库应用系统对输出报表的具体需求。

报表中的大部分数据都是从基表、查询或 SQL 语句中获得的，它们是报表对象的数据源。报表中的其他数据，如各类计算得到的数据，将存储在为报表设计的相关控件中，这类控件通常都是非绑定型的文本框控件。

6.1.1　报表用途

作为信息的展示工具，报表、窗体和数据访问页这三种数据库对象都可以作为用户浏览数据库数据的有效工具，但是在获得各类总计数据功能方面，报表具有其他两种数据库对象不可替代的作用。报表为用户提供信息的主要优点在于其不仅可提供一般性信息，更可以提供综合性信息及各种总计信息等，通过这些信息，决策者可以获得企业的综合情况。例如，图书馆可以提供一定时间内图书借阅情况，生成对特定读者信息的调查。报表以打印方式来显示数据，利用报表可以将数据库中的信息传递给无法使用计算机的人们。另外通过报表快照，也可以实现报表的电子分发。在报表中使用子报表可以很好地将具有一对多关系的两个表中的数据打印输出。

总之，如果要以表格的形式来显示或打印数据，即满足某种特定表格格式的需求，使用报表对象是一种最有效的方法。

Access 2003 数据库的报表功能非常强大，它利用图形化对象——控件，可以在报表与其记录来源之间建立连接。控件可以是用于显示名称及数值的文本框，也可以是用于显示标题的标签，以及用于可视化的数据组织、美化报表的装饰线条等。

 提 示

注意体会报表、窗体和数据访问页这三种数据库对象在用途上的区别：窗体也可以打印，但是与窗体不同的是，报表只能用来对数据或计算结果进行浏览或打印，而不能在其中进行数据的输入和编辑；数据访问页则和窗体一样可以在其中进行数据的输入和编辑等操作，但更重要的作用在于直接连接数据库实现在因特网上的应用。

6.1.2　报表结构

报表对象的结构与窗体对象的结构十分相似，也是由 5 个节构成。它们分别是"报表页眉"节、"页面页眉"节、"主体"节、"页面页脚"节和"报表页脚"节，如图 6.1 所示。

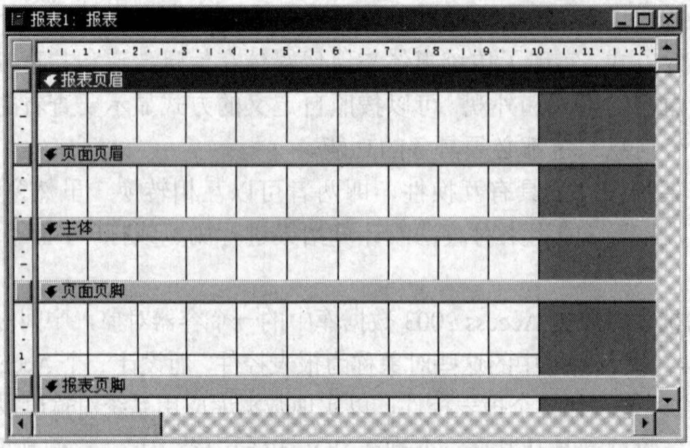

图 6.1　报表结构

在默认方式下，报表分为三个节，分别为"页面页眉"节，"主体"节和"页面页脚"节。在系统的"视图"菜单中选择"报表页眉/页脚"命令或在报表设计视图单击鼠标右键，在弹出的快捷菜单中选择"报表页眉/页脚"命令，则报表出现"报表页眉/页脚"节。在报表分组显示时，还可以增加相应的组标头和组注脚。Access 2003 是成对添加或删除"报表页眉"节和"报表页脚"节的。

由报表设计视图可以知道，报表中的内容是以节来划分的，每一个节都有其特定的目的，而且按照一定的顺序打印在页面及报表上。报表中的信息分在多个节中，所有报表都必须有一个主体节，但可以不包含其他节。

报表的节是可以进行格式的编辑的，可以隐藏节或是调整其大小、添加图片，或设置节的背景颜色。另外，还可以设置节属性，以对节内容的打印方式进行自定义。

下面用"会员分组统计借阅情况报表"来说明报表中各节的作用。

（1）报表页眉只在整个报表的首部显示和打印。可以利用页眉来放置公司徽标、报表标题或是打印日期等项目。报表页眉打印在第一页的页眉之前，如图 6.2 所示。

图 6.2 "会员分组统计借阅情况报表"设计视图

（2）页面页眉将显示在报表中每页的最上方。在表格式报表中一般利用页眉来显示列标题等内容。若要向报表添加页面页眉或页脚，可以选择"视图"菜单上的"页面页眉/页脚"命令。还可以右击任何一节，在弹出的快捷菜单中选择"页面页眉/页脚"命令。当报表已有页面页眉、页脚，则执行上述命令将同时删除页面页眉、页脚及其中的控件。图 6.2 中添加了"页面页眉"，用于显示具有提示作用的标签。

（3）"主体"节包含了报表数据的主体，显示报表的主体数据部分。使用工具箱将各种控件放置在"主体"节，或将数据表中的字段直接拖曳到"主体"节中用来显示数据内容。

在该节中定义的控件一般对应于数据表或查询中的数据字段，其中字段控件前可以附带用以说明字段内容的文本框。

"主体"节是报表中的关键部分，因此不能删除。

（4）"页面页脚"中的内容在每页的最下方显示一次。主要用来显示页号、制表人员、审核人员等说明信息。如图 6.2 所示，页脚显示了打印日期和页号。

（5）与"报表页眉"相反，"报表页脚"中的控件只在报表的最后一页末尾显示。主要用来显示有关数据统计信息，如总计、平均等。如图 6.2 所示，报表页眉显示了罚款总计。

（6）整个报表执行后如图 6.3 所示。

提 示

（1）在默认方式下，报表分为三个节，分别为"页面页眉"、"主体"和"页面页脚"，而窗体只有一个"主体"节。

（2）另外，如图6.2所示的报表中还添加了"单位名称"页眉和"罚款总额"页脚，用来分组显示或统计。具体实现参见6.3.2小节报表中的排序与分组。

会员按工作单位分组统计借阅情况报表：报表							

会员按工作单位分组统计借阅报表

单位名称：	罚款总额	会员姓名	书名	借还类型	借书日期：	应还日期：	罚款：
翰林院							
		李秀才	数据库技术及应用	借	2007-3-30	2007-4-30	0
		李秀才	ASP网络程序设计	还	2007-3-26	2007-4-26	25
		李秀才	局域网一点通	还	2007-3-26	2007-4-26	25
	50						
六扇门							
		百展堂	局域网一点通	借	2007-3-26	2007-4-26	0
		百展堂	ERP系统原理和实	借	2007-3-26	2007-4-26	0
	0						
全聚烤鸭店							
		燕晓六	易中天品三国	借	2007-4-16	2007-5-16	0

页：1

图6.3　执行后的"会员分组统计借阅情况报表"

6.1.3　报表的种类

Access 2003 中报表的种类比较单一，子报表、标签报表、弹出式报表和报表快照是其中特殊的几类报表。子报表是插在其他报表中的报表。所有报表设计完成后，需要合并所有的报表，要求其中一个必须作为主报表。标签报表是人们日常生活中常用的工具，它是 Access 2003 报表的一种特殊类型。可以将标签绑定到表或查询中，Access 2003 就会自动为基础记录源中的每条记录生成一个标签。弹出式报表和弹出式窗体相似，始终显示在其他已打开的数据库对象上。报表快照是一种扩展名为.snp 的文件，文件中包含了报表中每一页的副本，在网上可以将它用于电子邮件。

另外还有两类特殊形式的报表：多列报表和子报表。

多列报表是在每一页上有多栏，每一页均可打印多个记录的报表。在该种报表中，报表页眉和报表页脚及页面页眉和页面页脚在每页中只有一个，但每一栏中均会存在一个组页眉和组页脚。多列报表和子报表将在下节详细讲解。

6.2　创 建 报 表

作为一种面向办公室人员的数据库软件，Access 2003 最大的优点之一就是其简便性，在创建报表时也是如此。虽然可以用报表"设计"视图来设计并创建报表，但这是个比较复杂的过程，需要了解数据库的一些详细情况，以及报表"设计"视图的使用方法。因此 Access 2003 提供了"自动报表"和"报表向导"功能帮助用户按常用的报表格式创建报表。对于一般的应用来说，"自动报表"完全能满足要求，如果其中数据的格式有特殊的格式要求，仍可以通过报表"设计"视图进行修改。

所以，创建报表的一般过程是：根据表或查询，利用"自动报表"或"报表向导"创建基本的报表"框架"，然后在报表"设计"视图根据具体的需求进行修改。

6.2.1　使用自动创建报表向导

下面以"图书借阅管理系统"数据库为例来介绍使用自动创建报表向导创建报表的过程，具体操作步骤如下：

（1）打开"图书借阅管理系统"数据库，切换至"报表"对象类型，单击"新建"按钮打开如图 6.4 所示的"新建报表"对话框。

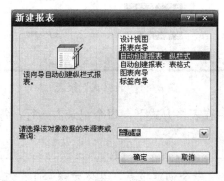

图 6.4　"新建报表"对话框

（2）在"新建报表"对话框的列表框中选择"自动创建报表：纵栏式"，然后在"请选择该对象数据的来源表或查询"下拉列表框中选择"会员表"选项。

（3）单击"确定"按钮，Access 2003 根据内部默认样式自动创建"会员表"报表，创建好的报表如图 6.5 所示。

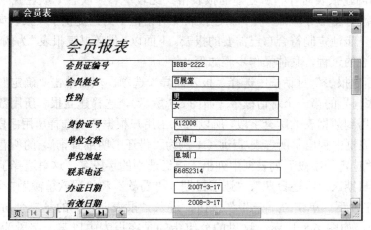

图 6.5　用自动报表向导创建的会员报表

使用"自动创建报表：纵栏式"所创建的报表中，每个字段占一行，字段框的宽度为数据库中所设定的字段宽度，报表将列出所有记录。

如果在"新建报表"对话框的列表框中选择"自动创建报表:表格式"选项,那么 Access 将会根据内部默认样式创建出如图 6.6 所示的报表。

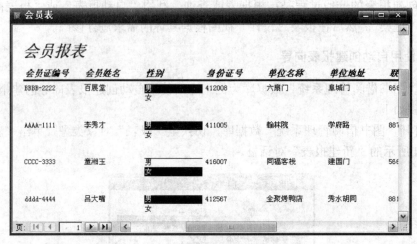

图 6.6   "表格式" 报表

与"纵栏式"不同的是,在表格方式下,每个记录占一行,每个字段占一列。

提 示

也可以利用"自动报表"命令创建报表,具体步骤如下:在数据窗口中选择报表的数据来源,例如选择"表"对象中的"类别表",然后选择"插入"菜单中的"自动报表"命令,系统会自动生成报表。

6.2.2 使用报表向导

利用"自动创建报表向导"所创建的报表格式比较单一,仅有"纵栏式"和"表格式"两种方式,并且没有图形等修饰。在"新建报表"对话框中另外提供了"报表向导"功能。可以指导用户一步一步地定制符合自己需要的报表。下面以"借还书表报表"为例,介绍使用"报表向导"创建报表的过程。具体操作步骤如下:

(1)在"新建报表"对话框中选择"报表向导"选项,然后单击"确定"按钮。

(2)在报表向导的第一个对话框中(如图 6.7 所示),选择建立报表所用数据的来源。因为报表不一定要用到数据表的所有字段,所以可以由用户根据需要选择所用字段。在该窗口的"可用字段"列表框中列出了所选表/查询(本例为"借还书明细查询")的所有字段名,供创建报表时选用。"选定的字段"列表框中列出了已经选中的字段名。这里选择了"会员姓名"、"书名"、"借书日期"、"应还日期"、"还书日期"、"罚款"和"罚款总额"7 个字段。

(3)选定字段后,单击"下一步"按钮,进入"报表向导"的第二个对话框,确定是否添加分组级别,如图 6.8 所示。这里的分组指的是在报表中以某一字段为标准,将所有该字段值相同的记录作为一组来生成报表。例如在"借还书表报表"中,可以根据"会员姓名"和"罚款总额"进行分组来生成报表,那么同一会员所有的借阅罚款将被分为一组。分组可以嵌套,即在组中再进行分组。例如,先根据"会员姓名"和"罚款总额"进行分组，再按照"图书类别"进行分组，则报表会更加清晰。分组的好处在于能够使报表层次清晰，并使重复的内容变少。

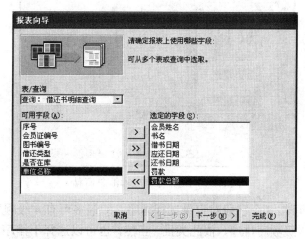

图 6.7 选择报表数据所在的字段

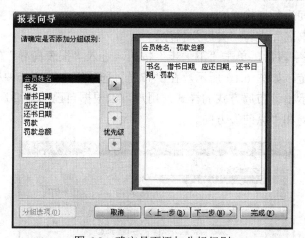

图 6.8 确定是否添加分组级别

分组的方法：首先，在对话框左侧的字段列表框中选取用作分组标准的字段，使之高亮显示，然后单击">"按钮，则在右部的示意窗口中显示分组层次图。

前面曾经提到，分组支持嵌套。如果选定多个字段作为分组依据，必须设置各字段的优先级，即哪个字段为第一层次分组依据，哪个字段为下一层次分组依据。调整方法为：在右部层次示意图中选择分组字段，使之为粗体（相对于其他分组字段而言），如果要提高该分组字段的优先级，单击 按钮则示意图将显示其级别的提高。反之，单击 按钮将降低该字段的优先级。

（4）设定好分组后，单击"下一步"按钮，进入"报表向导"的第三个对话框，确定排序次序和汇总信息，如图 6.9 所示。

排序指的是将报表中的记录按所指定的字段从小到大或从大到小排列，排序主要是体现记录排列的顺序。如果分组与排序同时存在，那么将首先按分组字段进行分组，然后在组内按照排序字段进行排序。

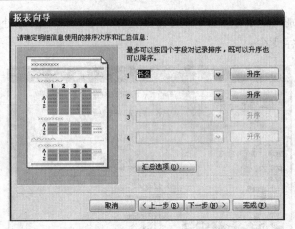

图 6.9　确定排序次序和汇总信息

Access 2003 最多可按 4 个字段对记录进行排序，即最多可有 4 级顺序，在第一级排序字段值相同时再按照第二级顺序排序，依此类推。当然，也可以选择不排序，这时将按照记录存储的顺序输出报表。在选定排序字段后，可以选择排序方式。默认方式为升序排列，单击按钮可以在升序和降序之间进行切换。

这里选择按照"书名"进行"升序"排序。

（5）设定好排序字段后，单击"下一步"按钮，进入"报表向导"的第四个对话框，进行报表布局方式的确定，如图 6.10 所示。在"布局"选项组中选定一种布局方式后，在左边的预览窗口中就会显示出该布局方式的样式，用户可以根据自己的需要选择合适的布局方式，这里选择"递阶"布局和"纵向"方向。

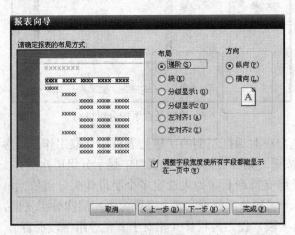

图 6.10　确定报表的布局方式

（6）单击"下一步"按钮，进入"报表向导"的第五个对话框，确定报表所用样式，如图 6.11 所示。这里选择"正式"样式。

（7）单击"下一步"按钮，进入"报表向导"的最后一个对话框，为报表指定标题，如图 6.12 所示。

在该对话框中可以为报表指定标题，默认标题为所有数据表的名称，这里是"借还书报表"。在该对话框中还可以选择结束报表向导后是"预览报表"还是"修改报表设计"。如果对报表无特殊要求，可以直接预览由报表向导生成的报表，如果不满足于报表向导提供的功能，可以选择"修改报表设计"，进入报表"设计"视图，对由报表向导生成的报表进行修改。

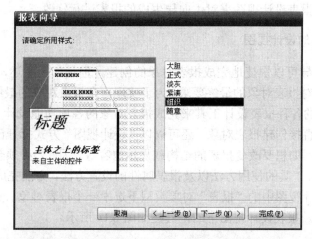

图 6.11 确定样式

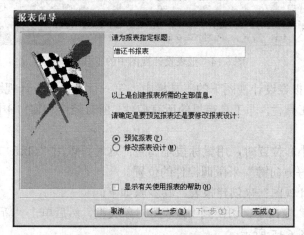

图 6.12 为报表指定标题

（8）在选中"预览报表"单选按钮的情况下单击"完成"按钮，即可预览到由报表向导创建的"借还书报表"，如图 6.13 所示。

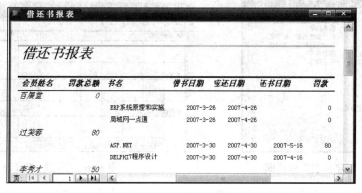

图 6.13 由报表向导创建的"借还书报表"

　　通过报表向导的设计过程可以看到，报表向导提供了比自动报表更多的功能和选择，从而使报表更有表现力，当然报表向导为了方便用户，在功能上也存在局限性，要设计功能更强大的报表，必须使用报表设计视图来对由向导生成的报表进行修改。

6.2.3　使用报表的设计视图

　　虽然利用报表向导可以快捷地完成报表对象的创建，但是如上所述，使用向导创建的报表往往难以满足我们对报表对象的最终要求。为了实现一个报表对象的最终设计，只有利用报表"设计"视图提供的各种报表设计工具来完成报表对象的各项功能设计。在报表"设计"视图中，我们不仅可以直接创建报表对象，还可以以"设计视图"方式打开已创建的报表，再对报表内容进行修改，例如想要改变报表的结构或显示内容等。因此，必须全面地了解报表"设计"视图的组成，各种工具的使用方法以及报表属性的设置方法，方能完成一个报表对象的全面设计。在数据库设计视图中的"报表"对象类型下选中一个报表对象，然后单击"设计"按钮进入报表设计视图。报表设计视图下的工具栏如图 6.14 所示。

图 6.14　报表设计视图中的工具栏

　　在如图 6.14 所示报表设计视图下的工具栏中，第一行是报表设计视图常用工具栏，第二行显示报表控件设计工具栏，即工具箱里的所有控件。所有控件和窗口中的控件相同，其用法也一样。

　　在调整控件的大小和位置时，用鼠标很难调整；这时可以用"Shift+方向键"来微调控件的尺寸大小，用"Ctrl+方向键"来微调控件的位置。

　　下面我们用"设计视图"来创建报表，其步骤如下：

　　（1）在"数据库"窗口中，切换到"报表"对象类型，然后单击"新建"按钮，出现"新建报表"对话框，如图 6.15 所示。

　　（2）选中"设计视图"选项，然后单击"确定"按钮，就创建了一个空白报表，如图 6.16所示。从图中可以看到空白报表中没有显示报表页眉和报表页脚，如果需要，可以自行添加。

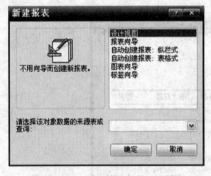

图 6.15　"新建报表"对话框

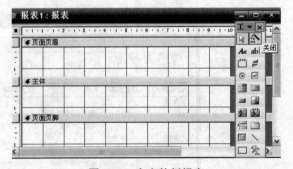

图 6.16　空白的新报表

　　（3）为空白报表添加数据源，打开报表属性设置框，如图 6.17 所示。切换到"全部"选项卡，然后单击"记录源"属性框的下拉按钮，打开下拉列表框，在列表框中显示该数据库中的所有表和查询的名称。选中要作为新报表数据源的表或查询，就会弹出选中的表或查询的字段列表。

图 6.17　报表属性设置框及选中数据源后弹出的会员表结构

（4）把需要的字段直接拖曳到空白的报表中即可，如图 6.18 所示，然后关闭属性设置框，一个简单的会员报表就创建完成了。

提　示

如果将报表的设计视图和窗体的设计视图作比较的话就会发现，报表设计视图和窗体设计视图有很多的相似之处，利用设计视图创建窗体的很多方法都可以应用到报表的设计中。

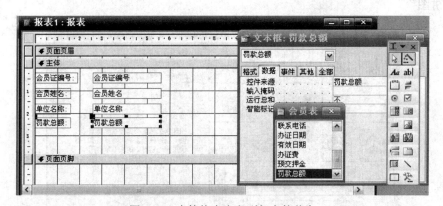

图 6.18　直接拖曳字段到相应的节中

6.2.4　创建图表报表

在日常工作中经常需要将数据以图表的形式显示，如常用的柱形图、条形图还有面积图、饼图、折线图等，使得数据更直观形象。在 Access 2003 中，可以利用"图表向导"创建各种形式的图表。下面创建一个"书籍按类别统计报表"饼图，用以直观地显示各类图书的数额。具体操作步骤如下：

（1）在"数据库"窗口中切换到"报表"对象类型，单击"新建"按钮，在弹出的"新建报表"对话框中选择"图表向导"选项，并在数据来源下拉列表框中选择需要创建图表的数据来源。这里选择查询"图书类别查询"，然后单击"确定"按钮开始由向导创建图表。

（2）此时出现"图表向导"的第一个对话框，选择图表数据所在的字段。这里选择"图书类别名称"来生成饼图，如图 6.19 所示。

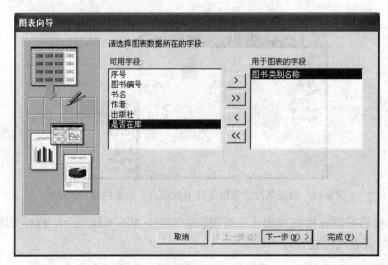

图 6.19　选择图表数据所在的字段

（3）单击"下一步"按钮，出现"图表向导"的第二个对话框，选择图表的类型。

单击要使用的图表类型，在对话框的右下部将显示此类图表的说明，如图 6.20 所示，这里选择"饼图"。

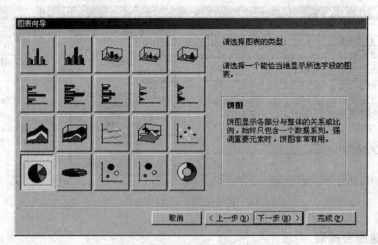

图 6.20　选择所用图表的形式

（4）单击"下一步"按钮，出现"图表向导"的第三个对话框，指定数据在图表中的布局方式，如图 6.21 所示。将对话框右部所列的字段按钮拖至相应区域即可。

（5）单击"下一步"按钮。出现"图表向导"的最后一个对话框。在该对话框中要求为该图表指定标题，同时还可以选择是否显示图例以及在创建了图表后是否在"设计视图中进行修改等，如图 6.22 所示。

（6）单击"完成"按钮，Access 2003 将根据上面各步骤所做的选择创建图表，结果如图6.23 所示。

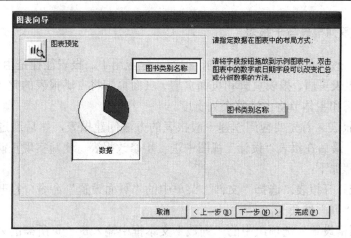

图 6.21 指定数据在图表中的布局方式

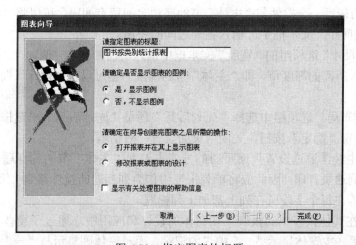

图 6.22 指定图表的标题

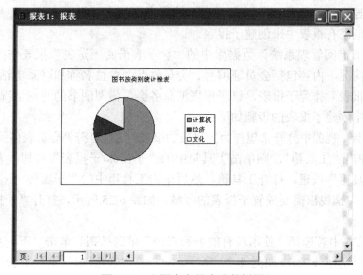

图 6.23 由图表向导生成的饼图

6.2.5　创建多列报表与子报表

默认情况下，设计的报表中只有一列，但在实际应用中，报表往往是由多列信息组成的。对于多列报表，报表页眉、报表页脚和页面页眉、页面页脚将占满报表的整个宽度，多列报表的组页眉、组页脚和主体节将占满整个列宽度。

要创建多列报表，首先要应用创建一般报表的方法创建报表，然后通过页面设置使所创建的报表为多列，最后在报表"设计"视图中进一步修改报表，使其实现正确的打印功能。创建多列报表的步骤如下：

（1）创建或打开报表，选择"文件"菜单中的"页面设置"命令，打开"页面设置"对话框，并切换到"列"选项卡。

（2）在"网格设置"选项组中的"列数"文本框中输入每一页所需的列数，例如 2。

（3）在"行间距"文本框中，输入"主体"节中每个记录之间所需的垂直距离。如果要在"主体"节中的最后一个控件与"主体"节的底边之间留有间隔，可以将"行间距"设为 0。

（4）在"列间距"文本框中，输入各列之间的距离。

（5）在"列尺寸"选项组的"宽度"文本框中键入所需的列宽，例如"3 英寸"。再在"高度"文本框中输入所需的高度值，即"主体"节的高度。也可以在"设计"视图中直接调整节的高度。

（6）在"列布局"选项组中选择"先列后行"还是"先行后列"单选按钮。

（7）最后单击"确定"按钮，关闭"页面设置"对话框。

在单列报表中经常通过设置页面页眉的方式来设置"主体"节的列标题，但是在多列报表中由于页面页眉通页打印，因此应将单列报表中作为列标题的控件移到"组页眉"节中，这样打印的报表才能在每个字段所在列上都加上列标题。

子报表是插在其他报表中的报表。在窗体的设计和应用中，通过子窗体可以建立一对多关系表之间的联系，主窗体显示"一"端表的记录，而子窗体则显示与"一"端表当前记录所对应的"多"端表的记录。同样，在报表中也可以利用子报表实现这种对应。

子报表的创建方法有两种：一种是在已有的报表中创建子报表，另一种是通过将某个已有报表添加到其他已有报表中来创建子报表。

下面将"图书借阅管理系统"数据库中的"会员表借阅一览表"报表作为主报表，该报表打印会员基本情况，内容包括会员证编号、会员姓名、单位名称和联系电话，如图 6.24 所示。以"借还书报表"作为子报表，该子报表汇总各会员借阅图书的明细情况，生成新报表。

在已有报表中创建子报表的步骤如下：

（1）在"设计"视图中打开希望作为主报表的报表，这里打开"会员表借阅一览表"报表。

（2）如已弹出"工具箱"，则单击工具箱中的"子窗体/子报表"按钮；若没有，则单击属性栏中的"工具箱"按钮，打开工具箱，然后单击工具箱中的"子窗体/子报表"按钮。

（3）在报表中拖曳出需要放置子报表的区域，如图 6.25 所示，打开"子报表向导"对话框，如图 6.26 所示。

（4）在图 6.26 中若选择"使用现有的表和查询"单选按钮，单击"下一步"按钮，进入"子报表向导"对话框（二），如图 6.27 所示，可以在"表/查询"下拉列表框中选择相应的表或查询，并将所选字段添加到"选择字段"列表框中，然后单击"下一步"按钮，进入"子报表向导"对话框（三），如图 6.28 所示。

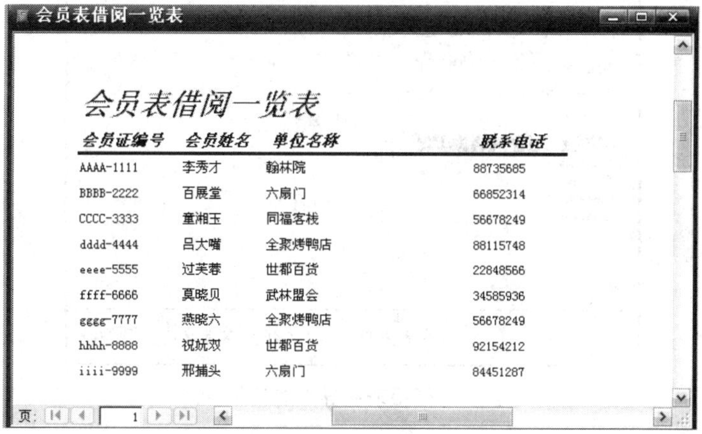

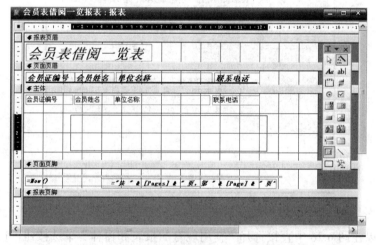

图 6.24 主报表

图 6.25 放置子报表的插入点

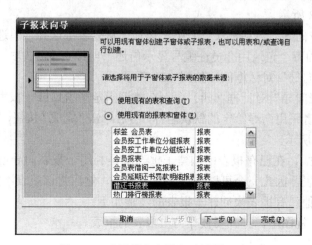

图 6.26 "子报表向导"对话框（一）

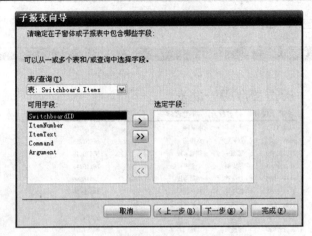

图 6.27 　"子报表向导"对话框（二）

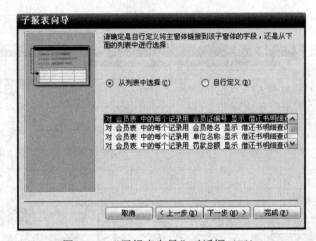

图 6.28 　"子报表向导"对话框（三）

（5）也可以在图 6.26 中直接选择"使用现有的报表和窗体"单选按钮，在本实例中采用的就是此种方法，选中"借还书报表"，然后单击"下一步"按钮，也打开"子报表向导"对话框（三），如图 6.28 所示。

（6）在"子报表向导"对话框（三）中，选择"从列表中选择"单选按钮，并在列表框中选择"对会员表中的每个记录用会员证编号显示借还书明细查询"选项，然后单击"下一步"按钮，打开"子报表向导"对话框四，如图 6.29 所示。

（7）在"子报表向导"对话框（四）中，在"请指定子窗口或子报表的名称"文本框中输入子报表的名称或者采用向导给定的默认名称，然后单击"完成"按钮，完成子报表的添加。生成的报表如图 6.30 所示。

从以上的例子可知，在已有报表中创建子报表就是利用子报表向导创建子报表，其结果是产生一个单独的报表，因此完全可以先设计好子报表，然后将该报表添加到另一个报表中。

将报表添加到其他已有报表来创建子报表的步骤如下：

（1）在"设计"视图中，打开要被作为主报表的报表。

（2）切换到"数据库"窗口。

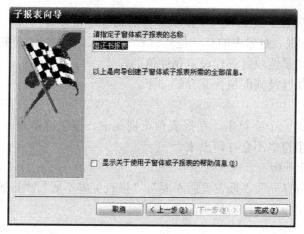

图 6.29　"子报表向导"对话框（四）

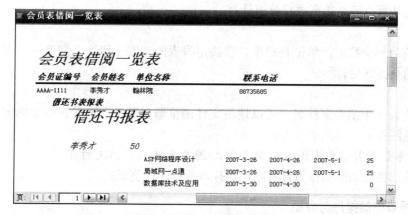

图 6.30　子报表的效果示意

（3）将报表或数据表从"数据库"窗口直接拖曳到主报表中需要出现子报表的节中即可。

6.3　报　表　的　编　辑

报表的编辑就是对报表的属性值进行相应的设置，使报表更适合设计的要求。任何一个对象都具有一系列的属性，这些属性的不同取值决定着该对象实例的特征。本节将介绍报表及其报表控件的一些常用属性的含义及其作用，并介绍各种控件属性值的设置方法。

6.3.1　报表格式的使用

在报表设计视图中，单击"报表设计"工具栏上的"属性"按钮 ，或者选择"视图"菜单中的"属性"命令，即弹出报表属性设置对话框。图 6.31 所示即为报表对象的属性设置对话框及其各属性的取值。

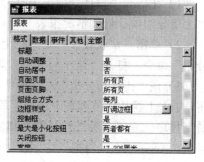

图 6.31　报表对象的属性对话框

　　一个报表对象及其置于其中的一个报表控件的属性可以分为"格式"、"数据"、"事件"和"其他"四类。欲对报表对象中的某一控件设置属性值,应该首先选中这个控件,然后在相应选项卡上选中对应的属性项目进行设定属性值的操作。

　　报表的常用格式属性及其取值含义介绍如下。

　　1. 标题

　　标题的属性必须为一个字符串。在报表预览视图中,该字符串显示为报表窗口标题栏。在打印的报表上,该字符串不会打印出来。

　　2. 页面页眉/页面页脚

　　其属性值需在"所有页"、"报表页眉不要"、"报表页脚不要"、"报表页眉/页脚都不要"4个选项中选取,它决定报表打印时的页眉与页脚是否存在。

　　3. 组结合方式

　　其属性值需在"每列"、"每页"两个选项中选取,它决定分组报表中的分组计算范围是每列进行分组计算,还是每页进行分组计算。

　　4. 宽度

　　其属性值为一个数值,单位是厘米。它决定报表的宽度,但这个宽度不可大于"页面设置"中设定的页面宽度。

　　5. 图片

　　其属性值为一个图形文件名,可以使用文件浏览器在磁盘上选取。指定的图形文件将作为报表的背景图片。

　　6. 图片类型/图片缩放模式/图片对齐方式/图片平铺/图片出现的页

　　其设定的属性值均影响作为背景图片的打印或打印预览形式。

6.3.2　报表中的排序与分组

　　1. 数据排列

　　在利用"报表向导"创建报表时,在设置向导各对话框的过程中,可以设置记录排序所依据的字段,但是利用向导创建排序报表时只能使生成的报表按照某一个字段排序,而不是按照字段的部分或若干字段经过运算后的值进行排序,下面所介绍的操作方法可以实现后者的排序要求,并且最多可以按 10 个字段(向导中为 4 个)或表达式进行排序。

　　在报表"设计"试图中设置排序字段和次序的步骤如下:

　　(1)在报表"设计"视图中打开相应的报表,例如打开"图书借阅管理系统"数据库中的"会员分组统计借阅情况报表"。

　　(2)单击"报表设计"工具栏上的"排序与分组"按钮或选择"视图"菜单中的"排序与分组"命令,打开"排序与分组"对话框,如图 6.32 所示。

　　(3)在"排序与分组"对话框中,单击"字段/表达式"列的第一行,此时右边出现下拉按钮,单击下拉按钮从列表中选择字段的名称,或直接输入表达式。第一行的字段或表达式具有最高排序优先级,第二行具有次高的排序优先级,以此类推。完成"字段/表达式"列的填充以后,Access 2003 将把"排序次序"设置为"升序",即 A~Z 或 0~9。

　　(4)要改变排序顺序,可以在"排序次序"列中选择"降序",即 Z~A 或 9~0。

　　(5)在"排序与分组"对话框下部的"组属性"选项组中设置相应属性。因为只排序不分组，所以将"组页眉"和"组页脚"属性都设置为"否"。其他都采用默认值。

图 6.32　"排序与分组"对话框

（6）重复第（3）步到第（5）步操作，设置其他各行排序字段及组属性。

（7）经过以上各步操作后，单击"视图"下拉按钮，在弹出的下拉列表中选择"打印预览"选项切换到"打印预览"视图，便可看到排序后的报表。

由于 Access 2003 支持多语言，因此文本型数据的排序方式与系统设置有关，对于中文系统，排序依据可以有三种选择：常规方式，按照 GB 2312－80 规定的汉字顺序排序；汉字拼音方式，按照汉字拼音的字母顺序排序；汉字笔画方式，按照汉字笔画顺序排列。

在数据库中设置排序次序规则的步骤如下：

（1）打开要设置排序规则的数据库。

（2）选择"工具"菜单中的"选项"命令，打开"选项"对话框，并切换到"常规"选项卡。

（3）在"新建数据库排序次序"下拉列表框中选择排序规则，然后单击"确定"按钮退出"选项"对话框。

（4）选择"工具"菜单中的"数据库实用工具"中的"压缩和修复数据库"命令。不执行这一步，新的排序规则将不能生效。

2. 记录分组

用户在输出报表时经常需要把具有相同类别的记录排列在一起，如将相同类别的产品排列在一起，这就是分组。分组记录是将具有共同特征的相关记录组成一个集合，在显示或打印时将它们集中在一起，并且可以提高报表的可读性，从而提高信息的利用率。

可以根据一个或多个字段中的值，对报表中的记录进行分组。例如，要查看在特定日发货的所有的订单。可以根据"发货日期"字段中的值记录进行分组，并根据"国家/地区"和"公司"字段中的值进行排序。对每个日期开始一个新组，这样可以对报表进行快速检索，以便快速找到特定的日期对应的记录，还可以对每个组计算总计值和其他值，该报表将打印每天订购的订单数量。在"排序与分组"对话框中设置属性可以创建组，并可以设置属性以显示组的页眉和页脚。在报表中最多可按 10 个字段或表达式进行分组。当根据多个字段或表达式进行分组时，Access 2003 根据它们的分组级别对组进行嵌套。分组所基于的第一个字段或表达式是第一个且最重要的分组级别；分组所基于的第二个字段或表达式是下一个分组级别，以此类推。

分组由三部分组成：组页眉、组文本和组页脚。对报表设置分组后，不同组记录既可以打印或显示同一页上，也可对其进行设置，使不同组信息打印或显示在不同页上。

在报表中进行分组的步骤如下：

（1）在“设计”视图中打开要进行分组的报表，例如打开“图书借阅管理系统”数据库中的“会员分组统计借阅情况报表”。

（2）单击主窗口“报表设计”工具栏上的“排序与分组”按钮，打开“排序与分组”对话框。

（3）在“排序与分组”对话框中，单击第一个空行的“字段/表达式”列，选择“单位名称”，在“排序次序”列中选择排序方式，这里选择“升序”在“字段/表达式”列的第二行中选择“罚款总额”字段，并设置其排序次序为“升序”。用同样的方法在第三行中选择“会员姓名”字段并“升序”排序。

（4）在“排序与分组”对话框下面的“组属性”选项组中设置分组属性。因为要建立分组，所以设置“组页眉”和“组页脚”的属性为“是”。也可以不成对设置，此处将“单位名称”和“罚款总额”分别设置成了页眉和页脚。

（5）向报表组页眉节中添加两部分控件，一部分控件显示类别标签及类别名称字段，以标识分组信息，另一部分控件作为主体节的列标题，在这里是页眉是“单位名称”标签，页脚是“罚款总额”标签。

经过以上各步即完成了该报表的分组设计，如图 6.2 所示，单击工具栏中的“视图”按钮预览设计好的报表，如图 6.33 所示。

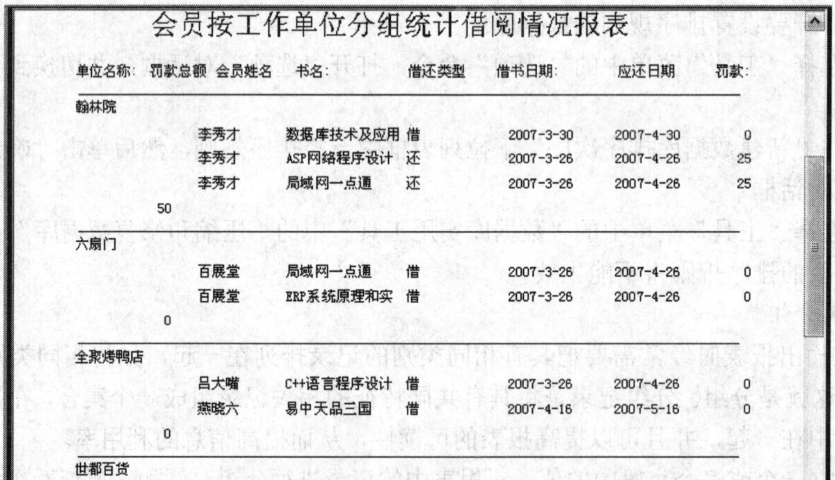
会员按工作单位分组统计借阅情况报表

单位名称:	罚款总额	会员姓名	书名:	借还类型	借书日期:	应还日期	罚款:
翰林院							
		李秀才	数据库技术及应用	借	2007-3-30	2007-4-30	0
		李秀才	ASP网络程序设计	还	2007-3-26	2007-4-26	25
		李秀才	局域网一点通	还	2007-3-26	2007-4-26	25
	50						
六扇门							
		百展堂	局域网一点通	借	2007-3-26	2007-4-26	0
		百展堂	ERP系统原理和实	借	2007-3-26	2007-4-26	0
	0						
全聚烤鸭店							
		吕大嘴	C++语言程序设计	借	2007-3-26	2007-4-26	0
		燕晓六	易中天品三国	借	2007-4-16	2007-5-16	0
	0						
世都百货							
		祝妩双	WIN2003服务器配	借	2007-5-19	2007-6-19	0
	0						
		过芙蓉	DELPHI7程序设计	还	2007-3-30	2007-4-30	0
		过芙蓉	ASP.NET	还	2007-3-30	2007-4-30	80
	80						
同福客栈							
		董湘玉	IP地址管理与子网	借	2007-3-26	2007-4-26	0
	0						
武林盟会							
		莫晓贝	ASP网络程序设计	借	2007-3-30	2007-4-30	0
		莫晓贝	操作系统	借	2007-3-26	2007-4-26	0
	0						
总计:	130						

图 6.33　按“单位名称”、“罚款总额”进行记录分组后的报表

　　在设计分组报表时，关键要设计好两个方面：一是要正确设计分组所依据的字段或表达式及组属性，只有这部分设计正确，才能保证最终生成的报表能够实现正确分组；二是要正确添加"组页眉"节和"组页脚"节中所包含的控件，这一部分设计正确才能保证报表打印美观且实用。

> **提　示**
>
> 　　"组页眉"和"组页脚"的属性可以不成对设置，此处仅设置了"单位名称"页眉和"罚款总额"页脚。

6.3.3　在报表中应用计算

　　在查看预览或打印报表时，有时希望看到记录的详细信息，如总计、平均值等。这就需要在报表中有记录汇总计算功能。

　　Access 2003 数据库的报表与其他数据库管理系统创建的报表相比，在功能和易用性方面具有许多独特之处，例如，在 Access 2003 报表中，可实现的总计类型非常丰富，既可以在分组范围内对记录计算各种总计和百分比，又可以在整个报表范围内实现相同类型的总计。此外 Access 2003 报表中的运行总和只需一个非结合型控件即可实现，而不需要任何编程。报表中的总计包括记录总计、组总计和报表总计。在报表中还可实现组运行和报表运行，并可以计算组中记录占组中全部记录的百分比和占报表全部记录的百分比。

　　在报表中实现各种总计运算的操作具有基本相同的操作步骤，即首先向报表的适当节添加计算型文本框，然后设置相关属性。文本框所在位置及属性的不同，决定了实现总计的类型。在报表中对全部记录或一组记录计算某字段的总计值或平均值的方法与创建计算控件的方法类似。不过，计算所有记录总计值或平均值时，控件放置在"报表页眉"或"报表页脚"节中，而计算一组记录的总计值或平均值时，控件放置在"组页眉"或"组页脚"节中，当然要首先对记录进行分组。

　　1. 在报表中实现各种总计

　　下面接着上一节中的"会员分组统计借阅情况表"为例，讲解在报表中实现各种总计的操作步骤。

　　（1）在"设计"视图中打开"会员分组统计借阅情况报表"。

　　（2）实现记录总计，首先将一个计算型文本框添加到"主体"节相关位置中；要计算一组记录的总计值或平均值，将文本框添加到组页眉或组页脚中；要计算报表中所有记录的总计值或平均值，将文本框添加到报表页眉或报表页脚中。此处欲汇总所有会员的罚款，因此将文本框放置于报表页脚中。

　　（3）确保选定了所添加的文本框，然后单击工具栏上的"属性"按钮，以显示属性设置对话框。在"控件来源"属性框中，如果数据来源是字段，则直接输入字段名称；如果数据来源是表达式，则表达式前面必须有等号。输入使用 Sum 函数计算总计值或用 Avg 函数来计算平均值的表达式"=Sum(字段名)"或"=Avg(字段名)"。必要时也可以单击▭按钮，使用"表达式生成器"创建表达式。此处在总计标签后创建表达式"=Sum(借还书表!罚款)"。运算结果显示总计罚款的值为"130"，见图 6.33。

　　（4）要计算随着每个记录而增加的运行总和，可将绑定文本框或计算文本框添加到"主体"节中；要计算随着每组记录而增加的运行总和，可将绑定文本框或计算文本框添加到组页眉或组页脚中。

（5）确保选定所添加的文本框，然后单击工具栏上的"属性" 按钮，以显示属性设置对话框，并根据所需的运行总和类型，将"运行总和"属性设置为：

1）工作组之上：在每个更高的组级别中，由 0 重新开始计算。

2）全部之上：累计到报表末尾。

将"运行总和"属性设置为"全部之上"时，可以在报表页脚中重复总计。只需在报表页脚中创建一个文本框并将其"控件来源"属性设置为计算运行总和的文本框名称即可。

2．在报表中计算百分比

在报表中计算百分比的步骤如下：

（1）在"设计"视图中打开"订单明细"报表。

（2）添加用于计算记录总计、组总计和报表总计的文本框。

（3）在适当的节中添加计算百分比的文本框。要计算每个项目对组总计或报表总计的百分比，可将控件放在"主体"节中。要计算每组项目对报表总计的百分比，可将控件放在组页眉或组页脚中。如果报表包含多个组级别，则应将文本框放在需要计算百分比的组级别的表头或页脚中。

（4）确保选中该文本框，然后单击工具栏上的"属性"按钮，显示属性设置对话框并切换到"数据"选项卡。

（5）在"控件来源"属性框中，键入用较大的总计值除以较小的总计值的表达式。例如，用"报表总计"控件的值去除"每日总计"控件的值。切换到"格式"选项卡，在"格式"属性列表中选择"百分比"，退出保存即可。

3．报表中记录的编号和计数

在 Access 2003 报表中可以实现对记录分别在分组范围内和报表范围的编号和计数。当在分组范围内对记录进行编号和计数时，如果当前分组结束，进入到更高级别的分组中，Access 2003 将自动重新开始编号和计数。在报表中对记录的编号和计数只计算打印在报表中的记录，而并不计算出现在报表基础表或查询中的记录。在实现编号和计数时，如果编号和计数所依据的字段为空，Access 2003 允许自定义对空字段的处理方式。具体步骤如下：

（1）在"设计"视图中打开相应的报表。

（2）如果要为报表中每个主体记录编号，可向"主体"节添加计算文本框，并选定该文本框，然后单击工具栏上的"属性"按钮，以显示属性设置对话框。将"控件来源"属性设置为"=1"。将"运行总和"属性设置为"全部之上"。这样在预览或打印报表时，每个记录号将以增量 1 递增。

（3）如果要将报表中的所有记录作为整体进行计数，将计算文本框添加到报表页眉或报表页脚中，并选定该文本框，然后单击工具栏上的"属性"按钮，在属性设置对话框中，将文本框的"控件来源"属性设置为"=Count(*)"。该表达式使用 Count 函数对报表中所有记录（包括某些字段值为空的记录）进行计数。

（4）若要对报表的每一个组中记录进行计数，将计算文本框添加到"主体"节中，并选中该文本框，然后单击工具栏上的"属性"按钮，设置"名称"属性为 RecordCount，将"控件来源"属性设置为"=1"，"运行总和"属性设置为"工作组之上"，"可见性"属性设置为"否"。

将计算文本框添加到组页脚中，然后将"控件来源"属性设置为"主体"节上跟踪运行总和的控件名称，例如"=[RecordCount]"。

4. 添加页码和日期时间

通常在报表中会包含"第几页，共几页"等页码信息，或者当前的日期时间等内容，这些通常是放在报表的"页面页脚"或"页面页眉"中的。

为报表添加页码信息和日期时间的具体步骤如下：

（1）在设计视图中打开报表，选择"插入"菜单中的"页码"命令，打开"页码"对话框。

（2）在"页码"对话框中，可以设置页码的"格式"、页码所处于页面中的"位置"以及对齐方式等，设置完成后，单击"确定"按钮，即可在报表中插入页码。

（3）要为报表加入系统的当前日期的时间，只需选择"插入"菜单中的"日期和时间"命令，在弹出的"日期和时间"对话框中设置日期时间的格式即可。

6.3.4　报表的打印与预览

只要设计好报表文件，通过 Access 2003 就可以将它打印出来，成为日常工作中常见的报表。

1. 报表预览

在预览方式下打开报表，通常是用户在打印之前，先在屏幕上显示报表在打印时将是什么样子，然后根据需要调整不合适的地方，直到满意才打印出来。使用打印预览方式打开报表的方法非常简单，双击"报表"对象类型下的报表名称即可。此外，也可通过以下两种方式来打开报表预览视图：

（1）单击报表名，然后单击数据库窗口工具栏中的"预览"按钮。

（2）右击报表名，在弹出的快捷菜单中选择"打印预览"命令。

2. 页面设置

在打印预览方式下打开报表后，在"文件"菜单中选择"页面设置"命令，或者在"打印预览"工具栏中单击"设置"按钮，将出现如图 6.34 所示的"页面设置"对话框。

图 6.34　"页面设置"对话框

在"边距"选项卡中，选择页边距（上、下、左、右距页边沿的距离），以及是否"只打印数据"；在选项卡的右上角有报表当前设置的示意图。

在"页"选项卡（如图 6.35 所示）中选择"打印方向"，打印方向分为"纵向"和"横向"两种，在"纸张"选项组中显示当前的默认纸张类型及送纸来源。在打印机选项组中选择使用"默认打印机"——使用 Windows 的默认打印机。

在"列"选项卡中（如图 6.36 所示）设置报表的列数、列宽和列高，以及行/列间距。如果列数大于 1，还需要设置列的布局，这时 Access 2003 将按照多列打印的方式来处理报表。

 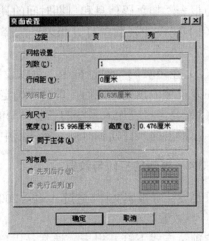

图 6.35   "页"选项卡   图 6.36   "列"选项卡

3. 打印机属性设置

在"文件"菜单中选择"打印"命令，就会弹出"打印"对话框，在对话框中可以设置打印机、打印范围及打印份数。

设置好页面以及打印属性，单击"打印"对话框中的"确定"按钮，即可按照当前的设置将报表输出到打印机上。

当然，报表还可以以各种格式的文件导出，例如 HTML 文档或文本文件。

习　题

1. 报表与表、窗体有何区别？
2. 请简述报表的结构及各节的作用。
3. 说明用各种方法创建报表的过程。
4. 说明子报表的创建过程。
5. 报表中是如何进行排序和分组的？请写出实现图 6.30 所示运行结果的操作步骤。

第 7 章　数据库应用实例开发

本章概述

本章将按照系统开发的过程，首先对商品销售管理系统进行数据分析与功能分析，然后进行概要设计，叙述各模块具体的设计过程，最后使用 Access 2003 详细介绍实现各功能模块所涉及的表、查询、窗体、报表的具体实现以及"控制面板"窗体的设计。

本章重点

- ◆　系统分析
- ◆　各种数据库对象的创建
- ◆　应用系统的集成

本章难点

- ◆　用 VBA 实现复杂的功能

7.1　系　统　分　析

进行数据库应用系统开发是使用 Access 2003 数据库管理系统软件的最终目的。在整体性地学习应用系统开发过程后，可以综合运用前面各章所讲的 Access 2003 数据库操作知识和设计方法，同时也是对本书学习过程的一个全面综合的运用和训练。

本章将结合一个具体实例——商品销售管理系统，介绍如何设计数据库应用系统，数据库应用系统开发的一般过程，以及如何完整地设计一个 Access 2003 数据库应用系统。

开发数据库应用系统，系统分析是其中最重要的一个步骤，系统分析的好坏决定系统的成败，系统分析做得越好，系统开发的过程就越顺利。

在数据库应用系统开发的分析阶段，要在信息收集的基础上确定系统开发的可行性思路，也就是要求程序设计者通过对将要开发的数据库应用系统相关信息的收集，确定总需求目标、开发的总体思路及开发所需的时间等。

在数据库应用系统开发的分析阶段，明确数据库应用系统的总需求目标是最重要的内容。作为系统开发者，要清楚是为谁开发数据库应用系统，又由谁来使用，由于使用者的不同，数据库应用系统目标的角度是不一样的。

7.1.1　需求分析

下面为小型超市管理人员设计"商品销售管理系统"，设计的数据库管理系统总体功能需求可归纳为下面的几点：

（1）要求能够对商品基本信息进行管理，如新货入库后需要将这些商品信息添加的系统中；如果现有的商品发生提价或者降价以及一些其他的改变，就需要修改这些商品的信息；对一些不再销售的商品要进行删除；还可以根据多种条件从数据库中查询商品的信息。

（2）要求能对供应商信息进行管理，包括供应商信息的增加、修改和删除操作。

（3）要求能对超市中工作的员工信息进行管理，包括员工信息的录入、修改和删除，还可以进行员工信息的查询。

（4）要求能对商品的销售情况进行管理，包括销售数据的录入、修改、删除，还可以根据商品名称、商品类别、销售日期等多种方式对销售情况进行查询，能根据销售日期统计各个类别商品的销售数量以及商品的合计销售数量和合计销售金额。

在数据库应用系统开发分析阶段确立的总体目标基础上，就可以进行数据库应用系统开发的逻辑模型或规划模型的设计。在数据库应用系统开发的实施阶段，一般可采用"自顶向下"的设计思路和步骤来开发系统，通过系统菜单或系统控制面板逐级控制低一层的模块，确保每一个模块完成一个独立的任务，且受控于系统菜单或系统控制面板。具体设计数据库应用系统时，要做到每一个模块易维护、易修改，并使每一个功能模块尽量小而简明，使模块间的接口数目尽量少。

7.1.2 功能描述

本系统的功能结构如图 7.1 所示。本系统的主要功能包括：初始化、编辑基础数据、数据查询、报表。

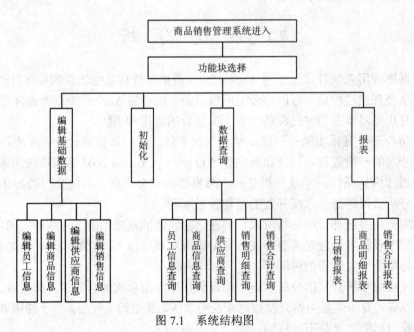

图 7.1 系统结构图

下面简要介绍各部分的功能：

（1）系统安全进入的功能。验证使用者的身份，只有拥有使用权限的人，正确输入口令后，才可进入系统使用；否则，系统拒绝使用。

（2）初始化功能的主要作用。数据库中创建的"商品销售表"主要储存当前商品销售情况的信息，经过一段时间的使用后，为了防止因数据库中数据过多造成数据库应用系统速度减慢，需要对销售情况进行初始化，可快速删除表中所有数据。

（3）编辑基础数据功能。可对数据库中的"商品基本信息"、"供应商信息"、"员工信息"和"商品销售"进行相关设置，比如增加、修改和删除等。

（4）数据查询功能。应用系统的数据查询功能对数据进行再加工，帮助用户快速准确地查找到所需的资料，用户可根据特殊字段（如商品名称、销售日期等）来查找商品的销售情况，或对总体数据进行查询，以提高工作效率。选择适当的查询方式，有助于快速实现目的，从而达到事半功倍的效果。该功能提供的查询方式有"按日期查询每类商品的销售数量"、"商品销售情况查询"、"商品销售统计"等。

（5）报表功能。使用户可以将商品基本信息和每天的销售情况打印到纸上进行长期保存，报表功能主要有"商品明细"、"日销售报表"和"销售合计报表"等功能。

7.1.3　系统应用

进入本系统有两种方法，一种方法是进入 Access 2003 系统，选择"文件"菜单中的"打开"命令，然后在弹出的"打开"对话框中选择"商品销售管理系统"所在路径，单击"打开"按钮；另一种方法是在资源管理器中通过直接双击系统文件图标进入系统。

进入系统后，首先出现主切换界面，如图 7.2 所示。此界面中共有 4 个功能按钮，分别是"基础数据编辑"、"商品销售情况查询"、"报表"、"退出系统"。可单击其中任意一个按钮，进入其下级窗体。

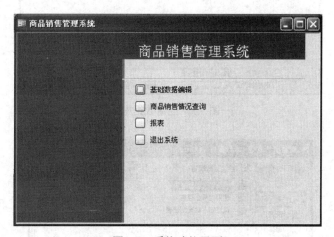

图 7.2　系统功能界面

7.2　实用数据库的创建

创建 Access 2003 数据库是创建数据库应用系统功能模块的第一步。可以依照前面介绍的数据库设计方案，进行创建数据库，以及创建表的操作，完成实用数据库的创建过程。

7.2.1　创建实用数据库

首先创建一个"商品销售管理"文件夹，之后再创建"商品销售管理系统"数据库。

1. 创建"商品销售管理"文件夹

创建文件夹的方法很多，下面介绍其中的一种方法，其操作步骤如下：

（1）启动"资源管理器"。

（2）双击 D 盘盘符，进入 D 盘根目录下，打开"文件"菜单，选择"新建"命令，再选择"文件夹"命令，定义新建文件夹名称，结束新建文件夹（"商品销售管理"）的创建。

2. 创建"商品销售管理系统"数据库

操作步骤如下：

（1）打开"开始"菜单，启动 Access 2003，打开 Access 窗口。

（2）在 Access 窗口中选择"文件"菜单中的"新建"命令，然后在"新建文件"任务窗格中单击"空数据库"选项，弹出"文件新建数据库"对话框。

（3）在"文件新建数据库"对话框中的"保存位置"下拉列表框中，选择数据库文件保存位置（"商品销售管理"文件夹），再输入数据库文件的名称"商品销售管理系统"，如图 7.3 所示。单击"创建"按钮，打开"数据库"窗口，如图 7.4 所示。

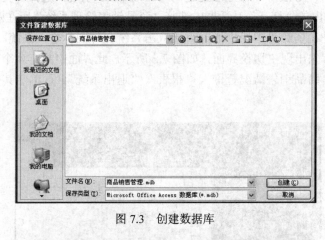

图 7.3   创建数据库

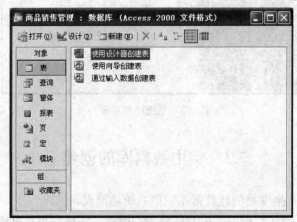

图 7.4   "商品销售管理系统"数据库窗口

（4）在"数据库"窗口，打开"工具"菜单，选择"选项"命令，打开如图 7.5 所示的对话框。

图 7.5　"选项"对话框

（5）在"选项"对话框中，根据各种选项卡，确定数据库的环境属性及数据库对象属性，输入默认数据库文件夹（如"D:\商品销售管理"）并单击"确定"按钮，返回"数据库"窗口。

（6）在"数据库"窗口单击"关闭"按钮，结束数据库的创建。

7.2.2　创建数据库表

下面为"商品销售管理系统"创建 4 个数据表：商品信息表、员工信息表、供应商表、商品销售表。图 7.6 所示为"商品信息表"的结构，这些表可以通过菜单方式来创建，或使用 SQL 语句创建数据定义查询来创建。下面使用"表设计器"创建"商品信息表"，操作步骤如下：

图 7.6　"商品信息表"表结构设计

（1）打开"商品销售管理"数据库。

（2）在"数据库"窗口，单击"新建"按钮，弹出"新建表"对话框。

（3）在"新建表"对话框中选择"设计视图"选项，再单击"确定"按钮，进入"表"设计窗口。

（4）在"表"设计窗口中逐一定义每一个字段的类型、长度等属性。

（5）在工具栏中单击"保存"按钮，弹出"另存为"对话框，保存表为"商品信息表"。用同样的方法逐一创建其他表，定义其他表的结构，如图 7.7～图 7.9 所示。

图 7.7　"员工信息表"
表结构设计

图 7.8　"供应商信息表"
表结构设计

图 7.9　"商品销售表"
表结构设计

数据表的创建只是创建一个数据表结构，表中数据操作及维护是在"表"浏览窗口中完成的。为上述创建的"商品信息表"输入相应的数据，如图 7.10 所示。

		商品编号	商品名称	商品类别	单价	计量单位	供应商编号	库存量
▶	+	DQ001	美的电压力锅	电器	￥420.00	个	10	150
	+	DQ002	美的电水壶	电器	￥120.00	个	10	500
	+	DQ003	美的电磁炉	电器	￥280.00	台	10	200
	+	DQ004	美的微波炉	电器	￥560.00	台	10	300
	+	SP001	乐事薯片	食品	￥3.50	包	1	100
	+	SP002	达能咸趣饼干	食品	￥4.00	包	2	200
	+	SP003	康师傅香辣牛肉面	食品	￥4.50	盒	3	1000
	+	SP004	奥利奥奶油夹心	食品	￥4.50	包	4	50
	+	SP005	卡夫消化饼	食品	￥3.50	包	4	100

图 7.10　添加数据后的数据表

7.2.3　建立表间关系

数据库中表一旦创建完成，便可建立表间关联关系，这是数据库建立的另一个重要环节。首先要将创建关联关系的表以共同"关键字"字段创建索引，然后建立两表间的关联关系。

创建关系的操作步骤如下：

（1）在"数据库"窗口，打开"工具"菜单，选择"关系"命令，打开"关系"窗口，同时弹出"显示表"对话框。

（2）在"显示表"对话框中将"商品信息表"、"员工信息表"、"供应商信息表"和"商品销售表"表逐一添加到"关系"窗口中。

（3）在"关系"窗口，建立如图 7.11 所示的关联关系。

由后面图 7.13 可以看出，"商品信息表"和"商品销售表、"员工信息表"和"商品销售表"、"供应商信息表"和"商品信息表"之间均为一对多的关系，并且这些关系都选择"实施参照完整性"，所以在表两端分别出现"1"和"∞"。

（4）关闭"关系"窗口，保存关系，保存数据库。

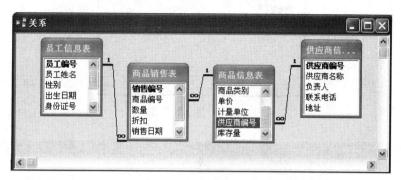

图 7.11 关系的创建

7.3 查 询 的 设 计

查询是独立的、功能强大的、具有计算功能和条件检索功能的数据库对象，查询也是一个表，是以表或查询为数据来源的再生表，查询的记录集实际上并不存在，每次使用查询时，都是从创建查询时所提供的数据源表或查询中创建记录集，也就是说查询的结果总与数据源中的数据保持同步。

数据库"商品销售管理系统"的数据表创建完成后，需要创建几个查询，方便数据的检索。为了统计商品销售情况，我们可以为数据库"商品销管理系统"创建"商品销售情况查询"、"商品销售统计"及"按日期查询每类商品的销售数量"等查询。

1．"商品销售情况查询"的创建

"商品销售情况查询"是个普通的多表选择查询，主要功能是从"商品信息表"、"商品销售表"和"员工信息表"中提取商品的"商品编号"、"商品名称"、"单价"、"数量"、"折扣"、"销售日期"、"员工姓名"，并根据下面的公式计算"总价"字段：

总价=单价*数量*折扣

创建"商品销售情况查询"的操作步骤如下：

（1）打开数据库"商品销售管理系统"。在"数据库"窗口，选择"查询"为操作对象。单击"新建"按钮，打开"新建查询"对话框。

（2）在"新建查询"对话框中选择"设计视图"选项并单击"确定"按钮，弹出如图 7.12 所示的"显示表"对话框以及窗口。

（3）在"显示表"对话框中选择可作为数据源的表"员工信息表"、"商品信息表"、"商品销售表"，将其添加到"选择查询"窗口。

（4）在"选择查询"窗口的"字段"行中，打开"字段"下拉列表框，选择所需字段，或者将数据源中的字段直接拖曳到字段行内。

（5）在"选择查询"窗口的"字段"行中，增加新字段，输入内容是"总价: [单价]*[折扣]*[数量]"，按如图 7.13 所示设计查询字段，保存查询为"商品销售情况查询"。

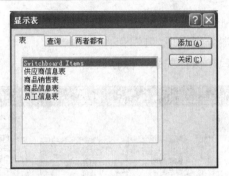

图 7.12　"显示表"窗口

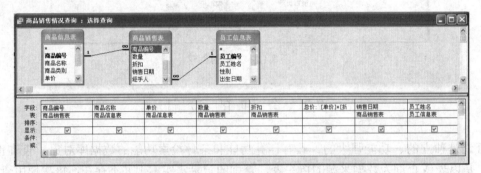

图 7.13　"商品销售情况查询"设计过程

打开"商品销售情况查询"得到如图 7.14 所示的查询结果。

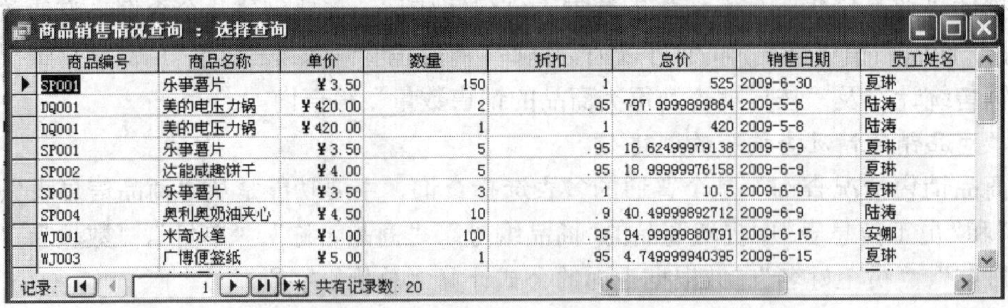

商品编号	商品名称	单价	数量	折扣	总价	销售日期	员工姓名
SP001	乐事薯片	¥3.50	150	1	525	2009-6-30	夏琳
DQ001	美的电压力锅	¥420.00	2	.95	797.9999899864	2009-5-6	陆涛
DQ001	美的电压力锅	¥420.00	1	1	420	2009-5-8	陆涛
SP001	乐事薯片	¥3.50	5	.95	16.62499979138	2009-6-9	夏琳
SP002	达能咸趣饼干	¥4.00	5	.95	18.99999976158	2009-6-9	夏琳
SP001	乐事薯片	¥3.50	3	1	10.5	2009-6-9	夏琳
SP004	奥利奥奶油夹心	¥4.50	10	.9	40.49999892712	2009-6-9	陆涛
WJ001	米奇水笔	¥1.00	100	.95	94.99999880791	2009-6-15	安娜
WJ003	广博便签纸	¥5.00	1	.95	4.749999940395	2009-6-15	夏琳

记录：|◀ ◀　　　1　▶ ▶| ▶* 共有记录数：20

图 7.14　"商品销售情况查询"查询结果

2. "商品销售统计"的创建

"商品销售统计"也是一个选择查询，主要功能是从"商品信息表"、"商品销售表"中提取商品的"商品编号"和"商品名称"，按"商品编号"、"商品名称"字段进行分组，对"数量"求总计，并根据下面的公式计算销售的"合计金额"：

合计金额=Sum([单价]*[数量]*[折扣])

创建"商品销售统计"的操作步骤如下：

（1）与"商品销售情况查询"的创建方法相同，打开查询设计视图，添加数据源："商品信息表"和"商品销售表"，并选择"商品编号"、"商品名称"、"数量"字段。

（2）单击工具栏中的"总计" Σ 按钮，在"选择查询"窗口中将出现"总计"行，在该行的"商品编号"和"商品名称"下选择"分组"，对"数量"求总计，并将字段名改为"合计数量”。

（3）增加一个字段显示销售的合计金额。输入计算销售的合计金额的公式“Sum([单价]*[数量]*[折扣])”，并将字段名改为“合计金额”。在该行的总计栏选择“表达式”，按如图 7.15 所示的“设计视图”创建，保存为“商品销售统计”即可，打开其查询即可得到如图 7.16 所示的查询结果。

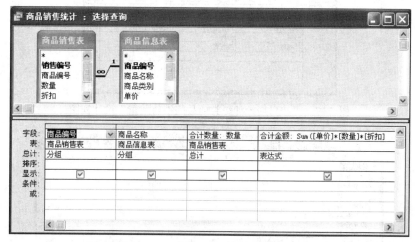

图 7.15　“商品销售统计”设计视图

商品编号	商品名称	合计数量	合计金额
DQ001	美的电压力锅	3	1217.999989986
DQ002	美的电水壶	1	102.0000028610
DQ004	美的微波炉	5	2519.999933243
SP001	乐事薯片	158	552.1249997914
SP002	达能咸趣饼干	5	18.99999976158
SP004	奥利奥奶油夹心	10	40.49999892712

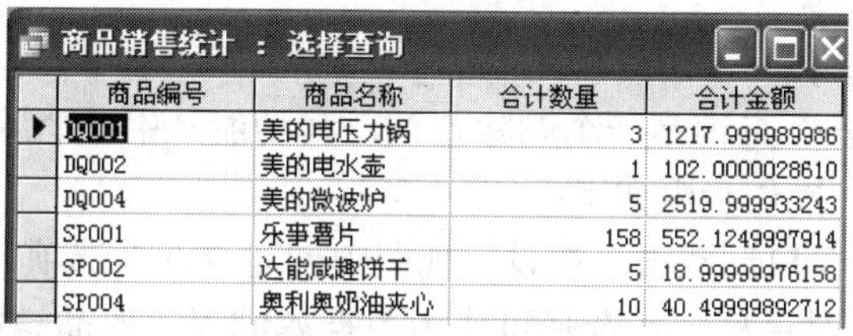

图 7.16　“商品销售统计”查询结果

3．“按日期统计每类商品的销售数量”的创建

“按日期统计每类商品的销售数量”是交叉表查询，主要功能是从“商品销售表”和“商品信息表”中根据销售日期分组，统计出各类商品的销售总量。

创建“按日期统计每类商品销售数量”的操作步骤如下：

（1）在“新建查询”对话框中选择“设计视图”选项并单击“确定”按钮，在“显示表”对话框中选择可作为数据源的表“商品信息表”、“商品销售表”，将其添加到“选择查询”窗口。

（2）在“查询”菜单中选择“交叉表查询”，窗口名称变为“交叉表查询”，在该窗口中将出现“总计”行和“交叉表”行。

（3）在窗口中选择“销售日期”、“商品类别”、“数量”字段。在“销售日期”的“总计行”选择“分组”，“交叉表”行选择“行标题”；在“商品类别”的“总计行”选择“分组”，“交叉表”行选择“列标题”；在“数量”的“总计行”选择“总计”，“交叉表”行选择“值”。按如图 7.17 所示的“设计视图”创建，保存为“按日期统计每类商品的销售数量”即可，打开该查询即可得到“按日期统计每类商品的销售数量”的查询结果，如图 7.18 所示。

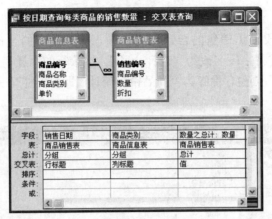

图 7.17 “按日期统计每类商品的销售数量”设计视图

按日期查询每类商品的销售数量 : 交叉表查询

销售日期	电器	食品	文具	洗涤用品	饮料
2009-5-6	2				
2009-5-8	1				
2009-6-15	5	10	101	5	
2009-6-16			5		
2009-6-20				20	
2009-6-21				12	
2009-6-30	1	150			1
2009-6-9		23			

记录: 1 共有记录数: 8

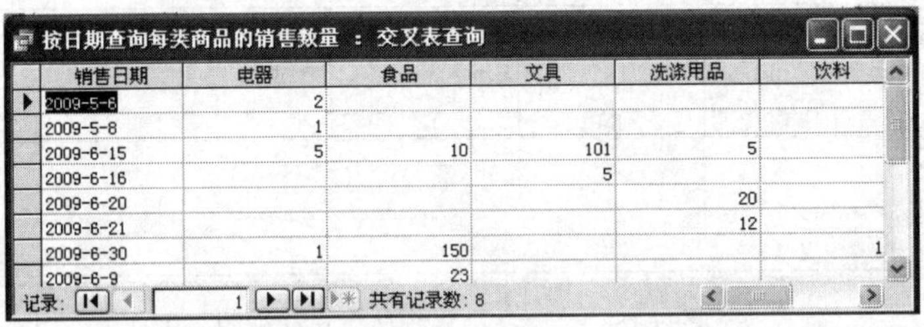

图 7.18 “按日期统计每类商品的销售数量”查询结果

4. “初始化商品销售表”查询的创建

“初始化商品销售表”查询是一个删除查询，其功能是手动清除“商品销售表”表中某一时间段中的销售数据。操作步骤如下：

（1）在“数据库”窗口，双击“在设计视图中创建查询”选项。

（2）在“显示表”对话框中，选择可作为数据源的表“商品销售表”，将其添加到“选择查询”窗口，并添加所有字段。

（3）选择“查询”菜单下的“删除查询”命令。

（4）增加一个新字段“销售日期”，该字段的“删除”行选择 where，“条件”行输入“Between [输入开始日期] And [结束日期]”，其中“输入开始日期”和“结束日期”为该查询执行的输入参数。

（5）保存该查询为“初始化商品销售表”即可。其“设计视图”如图 7.19 所示。

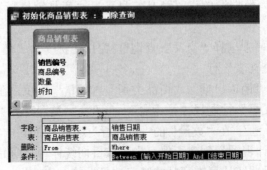

图 7.19 “初始化商品销售表”设计视图

7.4　窗　体　的　设　计

　　窗体是 Access 2003 数据库中一个常用的数据库对象，是人机对话的一个互动窗口，因为窗体可以为用户提供一个形式美观、内容丰富的数据库操作界面。在 Access 2003 中，数据库的使用和维护大多数都是通过窗体进行的，通过窗体还可以控制数据库的操作流程。数据库应用系统数据窗体主要包括数据输入、维护、浏览及查询等几种类型的窗体，由于一个数据库应用系统的数据库中有多个查询表，因此数据输入、维护、浏览窗体也会有多个。这里只介绍几例供读者参考。

　　1. 创建"商品销售表"录入窗体

　　"商品销售管理系统"数据输入窗体是原始数据输入的工作窗口，下面介绍"商品销售表"数据输入窗体，我们可以使用"自动创建窗体"向导创建窗体，再在"设计"视图中修改窗体，操作步骤如下：

　　（1）打开"商品销售管理系统"数据库，选择数据库对象中的"窗体"对象，单击"新建"按钮。

　　（2）在"新建窗体"对话框中选择数据来源表为"商品销售表"，再选择"自动创建窗体：纵栏式"，单击"确定"按钮后，系统将自动创建一个纵栏式的窗体，将该窗体保存为"编辑商品销售表"，运行结果如图 7.20 所示。

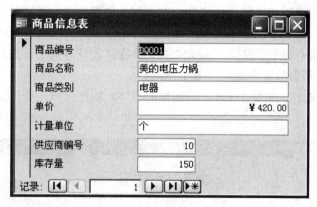

图 7.20　自动创建"编辑商品销售表"窗体

　　由于我们的目的是需要将输入的数据进行保存，或撤销操作，同时也可删除一些不要的记录，为查找方便也需要一些浏览按钮，所以对上述自动创建的窗体做如下修改：

　　（1）在窗体"设计"视图中打开上述创建的窗体，将控件做一些位置上的调整。

　　（2）在窗体页眉中添加一个"标签"控件，输入文本"编辑商品销售表"，并定义其属性，根据自己的喜好设置字体、颜色、效果等。

　　（3）在窗体主体中添加一些操作命令按钮，通过命令向导完成触发事件定义，再确定命令按钮的其他属性，所有的命令按钮创建完后保存窗体即可，如图 7.21 所示。

　　用同样的方法创建"编辑员工信息"窗体、"编辑商品销售信息"和"编辑供应商信息"窗体，可以先用"窗体向导"创建，再在窗体"设计"视图中用控件向导添加一些命令按钮。

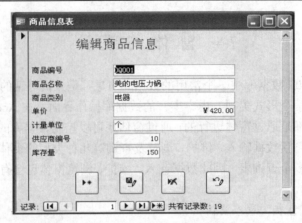

图 7.21　修改后的"编辑商品销售表"窗体

2. 创建商品销售表查询窗体

"商品销售管理系统"数据查询窗体主要包括商品销售情况查询（可以按商品编号、商品名称进行查询）、商品信息查询、员工信息查询等。下面介绍"商品销售情况查询"窗体的设计，该窗体的数据源涉及到"商品信息表"和"商品销售情况查询"的查询文件，主窗体中显示商品编号和商品名称，用"子窗体"显示具体的销售情况，操作步骤如下：

（1）打开"商品销售管理系统"数据库，双击"在设计视图中创建窗体"选项。

（2）为窗体设置数据源——商品信息表。

（3）在"窗体页眉"处添加标签控件，创建窗体标题为"商品销售情况查询"。

（4）在"主体"节中添加 2 个文本框控件，分别显示"商品编号"和"商品名称"。

（5）单击工具箱中的"子窗体/子报表"按钮，在课程信息的下方添加子窗体，并为子窗体设置数据源"商品销售情况查询"查询文件。

（6）在窗体"设计"视图中打开上述创建的窗体，将控件做一些位置上的调整。运行结果如图 7.22 所示。

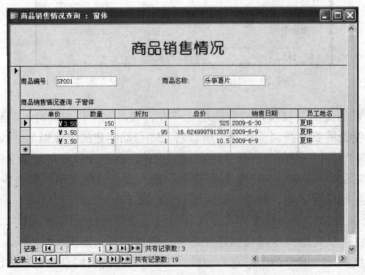

图 7.22　"成绩不及格学生"窗体

7.5　报　表　的　设　计

数据库应用系统的信息输出除了通过窗体输出以外，还可以通过打印机打印输出。这里以"成绩汇总报表"为例介绍报表的创建过程。

数据库应用系统的报表有许多是以原始数据表为直接的数据来源加以利用，这类报表制作比较简单，一是要设计好报表的布局、页面大小、附加标题、各种说明信息，二要注意报表的美化。

数据库应用系统的报表在更多的情况下，是以查询为数据来源的，这类报表的数据源是以多表创建查询后形成的。

"商品销售管理系统"的"商品销售汇总报表"以"商品销售情况查询"为报表的数据源，"商品销售情况查询"在 7.3 节已经讲述，这里不再重复。创建"商品销售情况查询"后，"商品销售汇总报表"可直接由"商品销售情况查询"作为数据源得到，操作步骤如下：

（1）打开"商品销售管理系统"数据库。在"数据库"窗口选择"报表"为操作对象，单击"新建"按钮，打开"新建报表"对话框。

（2）在"新建报表"对话框中先选择"报表向导"选项，再选择数据来源表"商品销售情况查询"。单击"确定"按钮。

（3）选择所有的字段，单击"下一步"按钮。

（4）以"销售日期"为单位进行分组，单击"下一步"按钮。

（5）单击两次"下一步"按钮，选择布局和方向。

（6）单击"下一步"按钮，选择报表样式。

（7）单击"下一步"按钮，为报表指定标题"商品销售汇总"。单击"完成"按钮，结束报表的创建。创建完成的报表如图 7.23 所示。由于该报表除了显示商品销售情况以外，还要求能对每个销售日内所销售商品的数量和金额进行合计统计的功能，对报表还要进行调整。

图 7.23　"商品销售汇总报表"设计视图

（8）打开报表设计视图，调整报表标题和字段名称的大小及位置，如图 7.24 所示。

（9）单击工具栏中的"排序与分组"按钮，打开排序与分组对话框（如图 7.25 所示），"组页脚"选项选择"是"，在"商品销售汇总报表"设计视图中增加"课程名称页脚"。

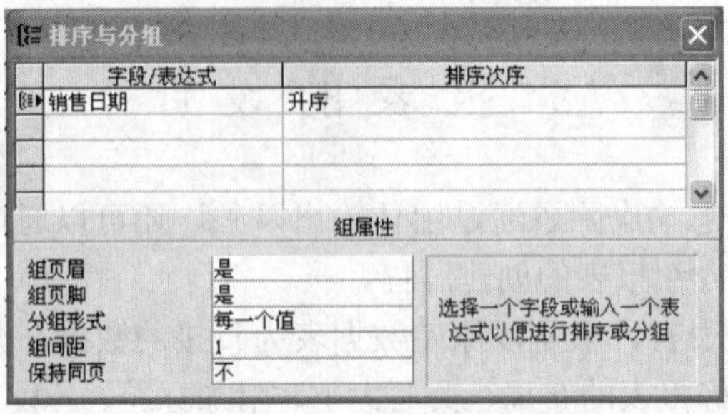

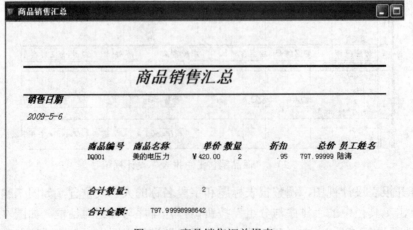

图 7.24 "排序与分组"对话框

（10）在"销售日期页脚"处增加两个文本框控件，其中"合计数量"控件的"数据来源"为"Sum(商品销售情况查询!数量)"，"合计金额"控件的"数据来源"为"Sum(商品销售情况查询!总价)"。修改后的"成绩汇总报表"设计视图如图 7.25 所示。

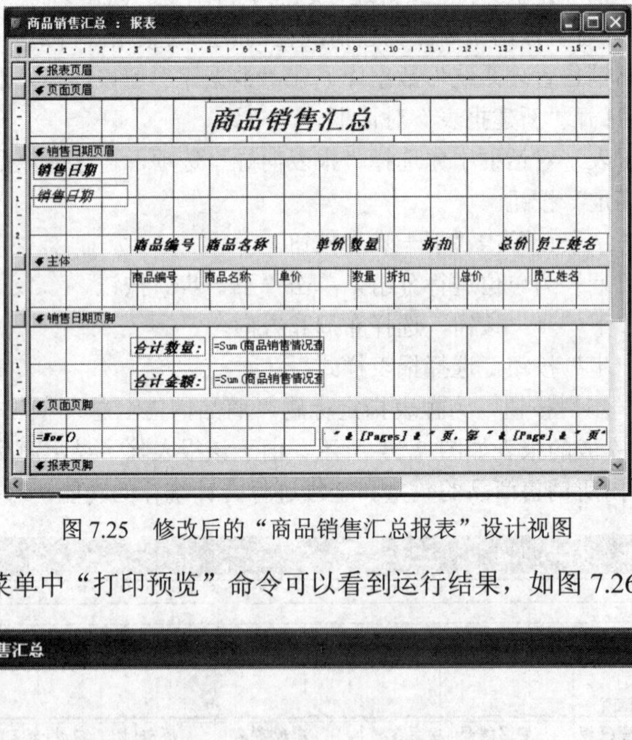

图 7.25 修改后的"商品销售汇总报表"设计视图

单击"视图"菜单中"打印预览"命令可以看到运行结果，如图 7.26 所示。

图 7.26 商品销售汇总报表

7.6　切换面板窗体的设计

在 Access 2003 中，切换面板是一个具有专门功能的窗体，它可以调用主菜单，提供实现系统功能的方法，并为用户提供通过命令按钮实现数据库应用系统各种功能的手段。

本系统切换面板窗体是利用 Access 2003 系统提供的"切换面板管理器"制作的。其具体操作步骤如下：

（1）打开"商品销售管理系统"数据库，在"数据库"窗口中，选择"窗体"为操作对象。

（2）在"数据库"窗口，打开"工具"菜单，选择"数据库实用工具"命令，再在级联菜单中选择"切换面板管理"命令。

（3）如找不到有效切换面板，会弹出一个对话框，如图 7.27 所示，单击"是"按钮，打开"切换面板管理器"对话框。

图 7.27　创建一个切换面板的提示

（4）在"切换面板管理器"对话框中单击"新建"按钮，弹出"新建"对话框，如图 7.28 所示。

（5）输入创建的切换面板页名称为"商品销售管理系统"，再单击"确定"按钮，返回"切换面板管理器"对话框，如图 7.29 所示。

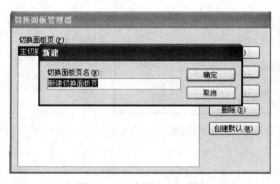
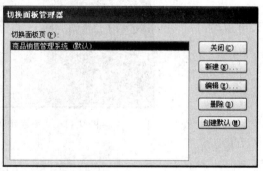

图 7.28　"新建"对话框　　　　图 7.29　"切换面板管理"窗口

（6）为了实现"商品销售管理系统"的二级管理，用上述方法再新建 4 个切换面板"编辑基础数据"、"报表"、"数据查询"和"数据统计"，如图 7.30 所示。

（7）在"切换面板管理器"对话框中单击"编辑"按钮，弹出"编辑切换面板页"对话框，单击"新建"按钮，打开"编辑切换面板项目"对话框，如图 7.31 所示。

（8）在"编辑切换面板项目"对话框中逐一输入项目参数，单击"确定"按钮，返回"编辑切换面板页"对话框，再单击"确定"按钮，返回"切换面板管理器"对话框。

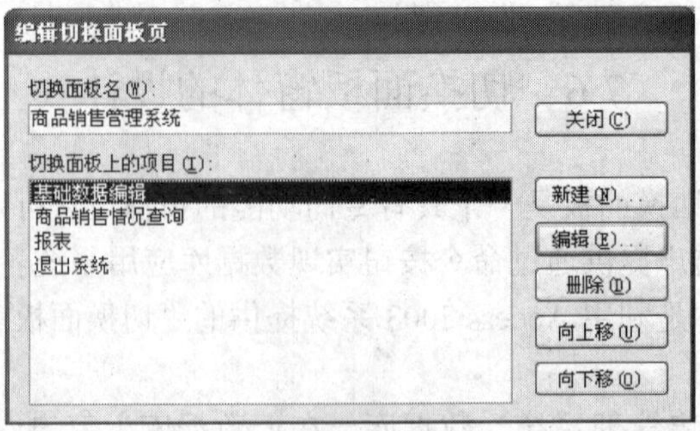

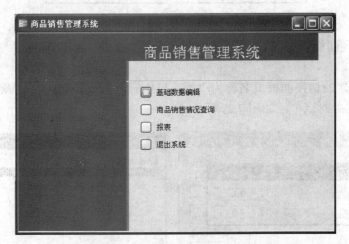

图 7.30　"切换面板管理器"对话框

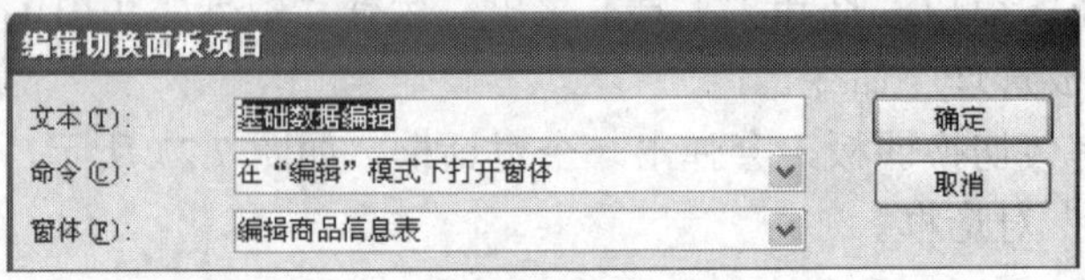

图 7.31　"编辑切换面板项目"对话框

用同样的方法完成其他三个切换面板项目的创建。最后形成的"商品销售管理系统"数据库的"切换面板"窗体如图 7.32 所示。

图 7.32　"商品销售管理系统"控制面板

7.7　自定义应用程序的外观

7.7.1　系统菜单的创建

"商品销售管理系统"的主菜单是通过"切换面板"窗体打开的,主菜单的设计过程是通过设计"宏"来完成的。要创建"商品销售管理系统"主菜单,要完成以下 3 个方面的工作。

1. 设计主菜单及各子菜单的功能

"商品销售管理系统"主菜单的全部内容如表 7.1 所示。

表7.1 主菜单的内容

菜单项	菜单名	菜单子项	宏操作
编辑	编辑 基础数据	编辑员工信息	OpenForm（编辑员工信息）
		编辑商品信息	OpenForm（编辑商品信息）
		编辑供应商信息	OpenForm（编辑供应商信息）
		编辑销售信息	OpenForm（编辑销售信息）
		初始化销售信息	OpenForm（初始化）
查询	信息查询	员工信息查询	OpenForm（员工信息查询）
		商品信息查询	OpenForm（商品信息查询）
		供应商信息查询	OpenForm（供应商信息查询）
		销售明细查询	OpenForm（销售明细查询）
		销售合计查询	OpenForm（销售合计查询）
报表	报表显示	按日期统计销售情况	OpenReport（按日期统计销售情况）
		按类别统计销售情况	OpenReport（按类别统计销售情况）
		商品销售情况合计统计	OpenForm（商品销售情况合计统计）
退出	退出	退出	Quit

创建菜单宏的操作步骤如下：

（1）打开"商品销售管理系统"数据库，在"数据库"窗口中选择"宏"为操作对象，再单击"新建"按钮，进入"宏"编辑窗口。

（2）在"宏"编辑窗口，打开"视图"菜单，选择"宏名"选项，在"宏"编辑窗口增加一个"宏名"列，先逐一定义菜单项中每一个子菜单的名称，然后再逐一定义菜单项中的每个子菜单要执行的宏操作，选择相应的"操作参数"，如图 7.33 所示。

（3）保存"宏"，结束"编辑"的创建，返回"数据库"窗口。

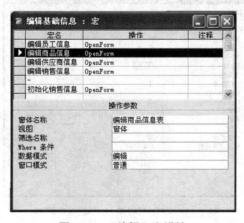

图 7.33 "编辑"宏设计

（4）在"数据库"窗口，用同样的方法创建其他菜单。

（5）创建主菜单宏。在"数据库"窗口选择"宏"为操作对象，单击"新建"按钮，再次进入"宏"编辑窗口。

（6）在"宏"编辑窗口，逐一定义菜单项的操作命令，如图 7.34 所示。

（7）保存"宏"，结束"主菜单"宏的创建，返回"数据库"窗口。

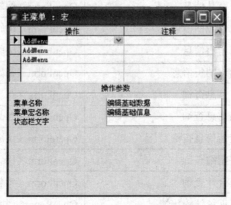

图 7.34　　"主菜单"宏设计

2. 将菜单"宏"挂接到窗体上

若想把前面设计好的"主菜单"宏挂接到窗体上，首先需要设计挂接窗体的"菜单栏"属性。若要将"商品销售管理系统"的主菜单挂接到"切换面板"窗体，则设置"系统控制面板"窗体的"菜单栏"属性。其操作步骤如下：

（1）打开"商品销售管理系统"数据库，打开"切换面板"窗体。

（2）在窗体"设计"视图窗口，打开"视图"菜单，选择"属性"命令，进入属性设置对话框。

（3）在属性设置对话框中的"菜单栏"属性项文本框内，输入菜单名"主菜单"，如图7.35 所示。

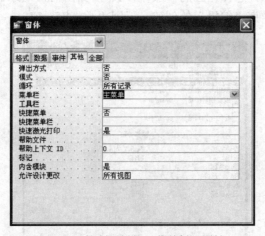

图 7.35　控制面板的"菜单栏"属性

（4）保存"切换面板"窗体，返回"数据库"窗口。

（5）在"数据库"窗口，打开"切换面板"窗体，"主菜单"也随之打开，用户选择其中的菜单选项，可以打开对应的子菜单，如图 7.36 所示。

至此，"商品销售管理系统"模块设计过程完毕。

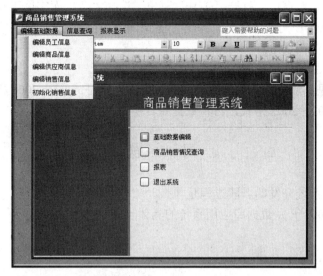

图 7.36　挂上"主菜单"的控制面板

7.7.2　设置自动启动窗体

"商品销售管理系统"的登录界面是该系统的第一个工作窗口，为了让用户一打开"商品销售管理系统"就能自动启动，要为登录界面设计一个特殊的属性。其操作步骤如下：

（1）打开"商品销售管理系统"数据库。

（2）在"数据库"窗口，打开"工具"菜单，选择"启动"命令，弹出"启动"对话框。

（3）在"启动"对话框中输入应用程序标题，确定自动启动的窗体，为了不让操作者看到"设计"视图等，其他设置均设置为未选中状态，如图 7.37 所示。

（4）在"启动"对话框中单击"确定"按钮，结束自动启动窗体的设置。

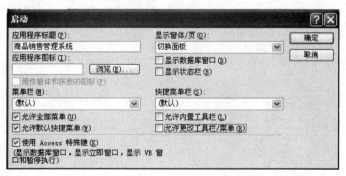

图 7.37　设计自动启动窗体属性

7.7.3　编译运行系统

将数据库.mdb 文件生成为.mde 文件，就是对系统进行编译。编译后的文件不能修改，所以编译前必须将数据库（.mdb）文件备份，其操作步骤如下：

（1）打开"商品销售管理系统"数据库。

（2）在"数据库"窗口，打开"工具"菜单，选择"数据库实用工具"命令，再在级联菜单中选择"生成 MDE 文件"命令，弹出"将 MDE 保存为"对话框，输入文件名"商品销售管理"，单击"保存"按钮。

（3）运行"商品销售管理"。

编译后的文件是不能修改的，如果建立的数据库格式是 Access 2000 格式，则首先将数据库转化为 Access 2002～2003 格式，再将数据库转换为 MDE 文件。

习　题

1. 数据库应用系统开发的一般过程是什么？
2. 用 Access 2003 开发数据库应用系统的具体步骤是什么？